Klaus Watzin

Verhandlungen mit dem Arbeitgeber

Systematisch vorbereiten
Effektiv durchführen
Sinnvoll nachbereiten

4. Auflage

ifbverlag
der betriebsrat

Bibliografische Information der Deutschen Bibliothek
Die Deutsche Bibliothek verzeichnet diese Publikation in der Deutschen Nationalbibliografie; detaillierte bibliografische Daten sind im Internet über http://dnb.d-nb.de abrufbar.

Die Erstellung dieses Buches ist mit größter Sorgfalt erfolgt. Trotzdem können Fehler niemals ausgeschlossen werden. Verlag und Autor können für solche und deren Folgen weder eine juristische Verantwortung noch irgendeine Haftung übernehmen.
Anregungen, Verbesserungsvorschläge und Hinweise auf eventuelle Fehler richten Sie bitte an:
ifb-Verlag der betriebsrat GmbH, Prof.-Becker-Weg 16, 82418 Seehausen am Staffelsee

4. Auflage 2015

Satz: Arnd Hartung EDV & DTP, Hennef (Sieg), Westerhausen
Druck: Kessler Druck & Medien, Bobingen
Umschlag: Arnd Hartung EDV & DTP, Hennef (Sieg), Westerhausen
Printed in Germany 2015
ISBN 978-3-934637-72-6
www.verlag-dbr.de

Vorwort

Betriebsrat und Arbeitgeber sollen „vertrauensvoll" und „mit dem ernsten Willen zur Einigung" zusammenarbeiten. So hat es der Gesetzgeber allen Betrieben in Deutschland, in denen ein Betriebsrat existiert, gleichermaßen ins Stammbuch geschrieben (in § 2 Abs. 1 und § 74 Abs. 1 BetrVG). Ansonsten gibt es nur sehr wenige formale Vorschriften für den Ablauf von Verhandlungen zwischen Betriebsrat und Arbeitgeber – ganz im Gegensatz zu den vielen Vorschriften beispielsweise zum Ablauf von Betriebsratssitzungen oder Betriebsversammlungen. Das mag ein wenig verwundern. Schließlich gehören Verhandlungen mit dem Arbeitgeber zu den prominentesten Aufgaben eines Betriebsrats, da gerade hier die strittigen Fragen im Vordergrund stehen: die genauen Formulierungen einer Betriebsvereinbarung, Kündigungen, die Erstellung eines Sozialplans, Arbeitszeitmodelle, die Gestaltung der Arbeitsplätze und vieles mehr.

Wer wie ich über Jahre hinweg mit Betriebsräten aus unterschiedlichen Branchen und Firmengrößen arbeitet, der weiß, dass kaum etwas so unterschiedlich sein kann wie der konkrete Ablauf einer Verhandlung zwischen Betriebsrat und Arbeitgeber vor Ort. Zu viele Faktoren beeinflussen den Stil der Zusammenarbeit: Die Branche, die finanzielle Lage des Unternehmens, die Struktur der Arbeitsabläufe, die generelle Haltung der Firmenleitung gegenüber dem Betriebsrat und nicht zuletzt die Persönlichkeiten, die sich am Verhandlungstisch auf Arbeitgeber- und auf Betriebsratsseite gegenüber sitzen. Und auch wenn durchaus in der Mehrzahl der Betriebe die „vertrauensvolle Zusammenarbeit" funktioniert, so hängt der Erfolg des Betriebsrats doch auch immer davon ab, dass er die wichtigsten Verhandlungstechniken ebenso beherrscht, wie es die Vertreter der Arbeitgeberseite in aller Regel tun.

Noch wichtiger wird dies, wenn die vom Gesetzgeber angestrebte Atmosphäre einer offenen und fairen Auseinandersetzung verlassen wird, denn manchmal wird eben auch mit harten Bandagen gekämpft: Da werden Informationen zurückgehalten, persönliche Animositäten ausgelebt oder es wird versucht, die Gegenseite mit – auch unfairen – taktischen Spielchen zu verunsichern und „über den Tisch zu ziehen". Eine Möglichkeit ist dann, sich auf formale Rechtspositionen zurückzuziehen. Das hat allerdings meist eine fatale Folge: Beide Seiten bekommen nur noch das, was konkret im Gesetz steht. Und das wird dann nicht mehr nach den Erfordernissen vor Ort, sondern durch Einigungsstellen oder Arbeitsgerichte entschieden.

Von klugen Verhandlungsführern kann man lernen, welche alternativen Möglichkeiten bestehen, um auch schwierige Situationen zu meistern, ohne eigene Standpunkte aufzugeben und ohne die Atmosphäre zusätzlich und unnötig aufzuheizen.

Dieses Buch stellt die wichtigsten Hinweise und Tipps für eine systematische Vorbereitung, eine effektive Durchführung und eine sinnvolle Nachbereitung Ihrer Verhandlungen zusammen. Es enthält Hinweise für eine konstruktive und faire Zusammenarbeit und gibt Tipps, was Sie tun können, wenn es mal schwierig wird – gestaffelt nach möglichen Eskalationsstufen. Schließlich ist oft nicht sofort klar, ob ein bestimmtes Verhalten auch tatsächlich eine bewusste unfaire Taktik darstellt. Ergänzt werden die einzelnen Kapitel durch Praxisbeispiele, Lesetipps sowie durch Checklisten, die Ihnen im Alltag helfen, die Ideen in die Praxis hineinzutragen.

Abschließend seien noch zwei Anmerkungen erlaubt. Natürlich werden auch innerhalb des Betriebsrats Meinungsunterschiede „verhandelt". Und natürlich spielen auch dort Fragen der Argumentation, der Taktik oder des Umgangs mit schwierigen Menschen eine große Rolle. Viele der im Buch vorgestellten Tipps und Hinweise lassen sich daher auch in Sitzungen des Betriebsrats oder seiner Ausschüsse einsetzen. Dennoch stehen die Besonderheiten des Verhandelns zwischen Betriebsrat und Arbeitgeber im Mittelpunkt.

Alle in diesem Buch vorgestellten Tipps und Hinweise stammen aus der Praxis und sind für die Praxis gedacht. Das bedeutet jedoch nicht, dass Sie bei jedem Tipp mit einer 100 %igen Wahrscheinlichkeit damit rechnen sollten, dass Sie genau das erreichen, was Sie erreichen wollen. Schließlich haben wir es mit Menschen zu tun und das Verhalten von Menschen lässt sich nie mit Sicherheit vorausahnen und beeinflussen. Das spricht jedoch nicht gegen die einzelnen Tipps. Es spricht vielmehr dafür, immer mehrere Ideen, Argumente oder Reaktionsmöglichkeiten im Hinterkopf zu haben, um im Zweifelsfall schnell und flexibel auf eine andere Taktik auszuweichen.

Ich wünsche allen Leserinnen und Lesern viel Spaß bei der Lektüre und viel Erfolg für Ihre nächsten Verhandlungen.

Regensburg, im März 2015
Klaus Watzin

Inhalt

Literaturhinweise

Zur schnellen Orientierung finden Sie hier noch einmal die im Text enthaltenen Lesetipps in übersichtlicher Form zusammengefasst.

Breunig, G., Professionell verhandeln. Ein Leitfaden für die erfolgreiche Gesprächsführung, 2. Auflage, Planegg 1998.

Fisher, R./Patton, B./Ury, W., Das Harvard-Konzept. Sachgerecht verhandeln – erfolgreich verhandeln, 24. Auflage, Frankfurt/M., 2013.

Hansen, B. (Hrsg.), Erfolgreich überzeugen und präsentieren (Loseblattsammlung), Bonn 1997.

Jeske, R., Erfolgreich Verhandeln. Grundlagen der Verhandlungsführung, München 1998.

Kelber, M., Gesprächsführung. Informieren, Diskutieren, Beschließen, 12. Auflage, Wiesbaden 1997.

Langer, I./Schulz v. Thun, F./Tausch, R., Sich verständlich ausdrücken, 9. Auflage, München 2011.

Schmidtberg, A., Erfolgreiches Konfliktmanagement im Betriebsrat, 3. Auflage, Seehausen 2015.

Ury, W., Nein sagen und trotzdem erfolgreich verhandeln, Frankfurt 2009.

Watzin, K., Checklisten zur Verhandlungsführung. Verhandlungen mit dem Arbeitgeber systematisch vorbereiten und effektiv durchführen, CD-ROM, 3. Auflage, Seehausen 2011.

Eigenschaften erfolgreicher Verhandlungsführung

1

Es gibt Menschen, die haben die Verhandlungsführung im Blut. Sie wirken selbst in schwierigen Situationen inhaltlich sicher und selbstbewusst und kommen daher ihren Zielen immer näher als andere. Dies ist kein Zufall. Es ist vielmehr das Ergebnis beobachtbarer Eigenschaften und Fähigkeiten.

Dabei gilt: Den idealen Verhandlungsstil gibt es nicht! Vielmehr wird jeder, der häufiger verhandeln muss, seinen eigenen Stil finden dürfen und müssen.

Dieses Kapitel dient einer ersten Orientierung und ist zum „Warmdenken“ ins Thema gedacht. Gleichzeitig richtet es sich an jene Leser, die sich kurz und knapp einen Überblick über die allerwichtigsten Tipps und Hinweise rund um das Thema „Verhandeln mit dem Arbeitgeber“ verschaffen wollen.

1 Sie sind inhaltlich gut vorbereitet

Vorbereitung der Inhalte

Zwei Erfahrungen liegen dem Satz „Sie sind inhaltlich gut vorbereitet“ zugrunde: Wer kein Ziel hat, erreicht auch keins. Und: Das beste Argument fällt einem leider erst eine halbe Stunde zu spät ein. Daher sollten Sie in keine Verhandlung gehen, ohne sich vorher im Betriebsratsgremium Gedanken gemacht zu haben, mit welchen Zielen und Überzeugungsmitteln Sie in die Verhandlung gehen wollen und wie Sie auf mögliche Einwände und Gegenargumente reagieren können.

TIPP

Tipp für die Praxis

- Formulieren Sie mindestens zwei Ziele: ein Maximalziel, mit dem Sie einsteigen, und eine Mindestforderung, bis zu der Sie bereit sind, der anderen Seite entgegen zu kommen.
- Überlegen Sie zusätzlich mögliche Alternativen, wie sich das anstehende Problem vielleicht anders lösen ließe.
- Denken Sie bei der Formulierung Ihrer Überzeugungsmittel daran: Das beste Argument ist immer ein Nutzen-Argument – und zwar Nutzen für Ihr Gegenüber, nicht für Sie.
- Überlegen Sie darüber hinaus auch, welche Druckmittel Ihnen zur Durchsetzung Ihrer Interessen zur Verfügung stehen, falls die Gegenseite auf Ihre Nutzen-Argumente nicht reagiert. Bedenken Sie bei dieser Frage, dass Sie im Zweifelsfall bereit sein müssen, diese Mittel auch tatsächlich einzusetzen. Drohen Sie also nicht mit Konsequenzen, die Sie eigentlich gar nicht bereit sind zu ziehen.
- Versetzen Sie sich schon im Vorfeld in die Lage Ihres Gegenübers: Welche Argumente und Einwände werden von dort zu erwarten sein? Und wie können Sie selbst darauf reagieren?

Absprachen im Betriebsrat

All diese Fragen sollten immer im gesamten Gremium (Betriebsrat oder Betriebsausschuss) besprochen werden. Nur so lässt sich sicherstellen, dass während der Verhandlung kein Betriebsratsmitglied aus der Reihe tanzt und Aussagen trifft, die vorher nicht abgesprochen wurden. Bei einer sauberen Formulierung der Mindestforderung haben Sie darüber hinaus einen wirkungsvollen Schutz davor, von cleveren Gesprächspartnern (zum Beispiel Geschäftsführern mit großer Verhandlungserfahrung) über den Tisch gezogen zu werden. Im Zweifelsfall brechen Sie an dieser Stelle die Verhandlung einfach mit dem Hinweis ab, nicht mehr Verhandlungsspielraum vom Gremium erhalten zu haben. Weitere vertiefende Hinweise finden Sie mit Blick auf die Formulierung Ihrer Ziele und Alternativen sowie zu möglichen Überzeugungsmitteln in Kapitel 2 Abschnitt 1 und 2.

2 Sie nutzen die Vorteile, als Team aufzutreten

Überzahlspiel des Betriebsrats

Eine Besonderheit bei Verhandlungen zwischen Betriebsrat und Arbeitgeber ist die Möglichkeit zum „Überzahlspiel". Häufig werden – und sollten – mehr Vertreter auf der Betriebsratsseite sitzen (beim offiziellen Monatsgespräch ist die Anwesenheit des gesamten Betriebsrats sogar Vorschrift), während die Arbeitgeberseite eine einzelne Person schicken kann und dies in vielen Fällen auch tut. Wenn mehrere Betriebsratsmitglieder teilnehmen, können diese zum einen als Zeugen dienen, falls mündliche Zusagen später plötzlich zurückgenommen werden. Vor allem aber ermöglicht diese Situation die Verteilung bestimmter Rollen auf Betriebsratsseite. Schließlich lehrt die Erfahrung, dass es sehr schwierig ist, zeitgleich die eigenen Aussagen zu formulieren, der Gegenseite genau zuzuhören, auf den Gesprächsverlauf und die Einhaltung der Spielregeln zu achten und womöglich auch noch das Protokoll zu schreiben.

Persönliche Stärken nutzen

Jedes Betriebsratsmitglied sollte sich daher auf eine der folgenden Aufgaben konzentrieren können.

TIPP

Mögliche Rollenverteilung auf der Betriebsratsseite

- Der **Verhandlungsführer** stellt federführend die eigene Position dar.
- Der **Gesprächsleiter** oder **Moderator** kümmert sich um den geordneten Ablauf.
- Der **„Good Guy"** hält das Ohr für die kleinen Angebote in den Nebensätzen offen und bringt später die Kompromissvorschläge ein.
- Der **„Bad Guy"** greift ein, wenn die Gegenseite mauert.
- Der **Experte** ist zuständig für die Fachfragen zu einem bestimmten Thema.
- Der **Protokollführer** kümmert sich darum, dass getroffene Zwischenergebnisse und Entscheidungen festgehalten werden.

Natürlich müssen nicht immer alle diese Rollen verteilt sein. Sie sind aber ein Anhaltspunkt dafür, auf was Sie im Einzelnen achten sollten. Weitere Tipps und Hinweise, wie diese Rollen sinnvoll verteilt und während der Verhandlung eingesetzt werden, finden Sie in Kapitel 2 Abschnitt 4.

3 Sie stellen sich auf Ihr Gegenüber ein

Gedanken zum Gesprächspartner

Verhandlungen zwischen Betriebsrat und Arbeitgeber haben eine weitere Besonderheit: Sie finden in der Regel immer mit denselben Beteiligten statt. Daher ist es gerade hier besonders leicht, sich auf den Verhandlungsstil und die Persönlichkeit seines Gegenübers gezielt einzustellen. Nur wenige Menschen sind wirklich völlig flexibel in der Wahl ihrer Verhandlungsmittel. Die allermeisten haben stattdessen eine überschaubare Sammlung von für sie typischen Taktiken, Reaktionen und vielleicht auch an unfairen Mittelchen.

TIPP

Tipps für Überlegungen im Vorfeld von Verhandlungen

- Machen Sie sich schon im Vorfeld der Verhandlung Gedanken, was genau auf Sie zukommen könnte an Argumenten und Einwänden, aber auch an typischen taktischen Spielchen (Killerphrasen, Hinauszögern von Entscheidungen etc.).
- Machen Sie sich bewusst, wie Sie vermutlich spontan reagieren würden – und ob diese Reaktion Ihren inhaltlichen Zielen dienlich ist.
- Falls nicht, dann überlegen Sie in aller Ruhe im Voraus, welche Reaktionsweise günstiger wäre und wer aus der Betriebsratsdelegation diese Aufgabe übernehmen kann.

Genaue Erläuterungen, wie Sie sich auf bestimmte Typen von schwierigen Verhandlungspartnern einstellen können, finden Sie in Kapitel 2 Abschnitt 5.

4 Sie schaffen eine freundliche und persönliche Atmosphäre

Sympathie & äußerer Rahmen

Ein Mensch ist leichter bereit, einem anderen entgegenzukommen, wenn ihm diese Person sympathisch ist, wenn er sich als Person ernst genommen und wenn er sich insgesamt wohl fühlt. Eine solche positive Atmosphäre lässt sich durch äußere Rahmenbedingungen unterstützen. Im Wesentlichen hängt die Stimmung jedoch davon ab, wie wir mit unseren Verhandlungspartnern umgehen. Unser eigenes Verhalten werden wir auch im Verhalten der Gegenseite wieder finden. Wenn wir freundlich sind, ist die Chance groß, dass wir eine ähnliche Freundlichkeit antreffen, wenn wir unserem Gegenüber allerdings die kalte Schulter zeigen, brauchen wir uns nicht zu wundern, wenn uns auch eine entsprechend eisige Stimmung entgegenschlägt.

TIPP

Tipps für eine gute Atmosphäre

- Wichtig ist mit Blick auf den äußeren Rahmen: Die meisten Menschen fühlen sich in ihrer vertrauten Umgebung wohler als anderswo. Die Verhandlungen sollten daher weder regelmäßig in den Räumlichkeiten der Geschäftsführung noch in denen des Betriebsrats stattfinden. Am besten ist es, Sie wechseln sich mit dem „Heimspiel" ab oder sie treffen sich auf neutralem Boden (zum Beispiel in einem Besprechungsraum).
- Vermeiden Sie bei der Sitzordnung eine zu starke Konfrontation nach dem Motto: „Auge in Auge dem Feind!" Eine aufgelockerte Runde um einen Tisch ist für die Atmosphäre günstiger als zwei Fronten, die sich gegenüber sitzen.
- Die Wahl des besten zeitlichen Rahmens lässt sich nicht allgemein gültig klären. Die Gegebenheiten sind von Betrieb zu Betrieb unterschiedlich. Sinnvoll ist es, nicht nur die Startzeit zu vereinbaren, sondern auch die späteste Endzeit. Das bringt Klarheit und vermeidet unnötigen Stress durch plötzlichen Zeitdruck.
- Beginnen Sie das Gespräch mit Themen, die eine positive Atmosphäre unterstützen: gemeinsam erfolgreich abgeschlossene Projekte, persönliche Interessen etc. Vermeiden Sie dagegen alle Reizthemen. Halten Sie diesen Smalltalk zu Beginn aber kurz genug, um für die anstehenden Themen genügend Zeit und Aufmerksamkeit zu haben.
- Lassen Sie die andere Seite gerade zu Beginn der Verhandlung aussprechen (Ausnahme: Dauerreden am Thema vorbei).
- Signalisieren Sie körpersprachlich Entgegenkommen (freundliche Begrüßung, Lächeln, dem Partner zugewandte Körperhaltung usw.).

Dass dies alles natürlich nicht übertrieben werden darf, sei hier nur der Vollständigkeit halber erwähnt. Ihre Verhandlungspartner sollen sich schließlich ernst genommen und nicht künstlich „eingelullt" fühlen. Genauere Hinweise zu diesem Thema finden Sie in Kapitel 2 Abschnitt 6.

5 Sie wirken als Person souverän und selbstbewusst

Das persönliche Auftreten

Über die Frage unserer persönlichen Wirkung entscheidet nicht allein das, **was** wir sagen, sondern ebenso die Art und Weise, **wie** wir es sagen. Gute Verhandlungsführer strahlen daher auch in ihrem persönlichen Auftreten Souveränität und Selbstvertrauen aus. Manches davon ist angeboren, vieles lässt sich aber auch leicht erlernen.

TIPP

Tipps für ein souveränes Auftreten

- Achten Sie auf eine aufrechte und dem Gesprächspartner zugewandte Körperhaltung. Ein bequemes Zurücklehnen im Stuhl birgt die Gefahr, arrogant zu wirken. Eine eher geduckte Körperhaltung wird leicht als Demutshaltung interpretiert – und der Sprecher entsprechend wenig ernst genommen.
- Halten Sie Blickkontakt. Zum einen vermitteln Sie das Gefühl, den anderen auch tatsächlich anzusprechen, und bekommen auch unmittelbar eine Rückmeldung, wie Ihre Aussagen angekommen sind. Zum anderen vermittelt Blickkontakt eine höhere inhaltliche Glaubwürdigkeit.
- Nutzen Sie Blickkontakte darüber hinaus zur Steuerung des Verhandlungsverlaufs. Wer Blickkontakt hat, schaltet sich leichter ins Gespräch ein. Sie können so mit darüber entscheiden, wer als nächstes das Wort ergreift: Zum Beispiel der Good-Guy der anderen Seite oder ein anderes Betriebsratsmitglied.
- Sprechen Sie abwechslungsreich und deutlich artikuliert. Es ist um jedes Argument schade, das nicht verstanden wird. Achten Sie gerade bei steigenden Emotionen im Gespräch darauf, weiterhin mit ruhiger und entspannter Stimme zu sprechen, da sich die Emotionen gerade stimmlich sonst gegenseitig nach oben treiben.

Zu Fragen des persönlichen Auftretens gibt es weitere Tipps in Kapitel 3 Abschnitt 1.

6 Sie drücken sich klar und verständlich aus

Verständlichkeit als Voraussetzung des Erfolgs

Das beste Argument wirkt nicht, wenn das Gegenüber nicht genau versteht, was eigentlich gemeint ist. Kaum etwas ist ärgerlicher als ein guter Vorschlag, der leider nicht akzeptiert wird, weil er bei der Gegenseite falsch angekommen ist. Daher gilt: Was wir dem Verhandlungspartner an Informationen oder an Vorschlägen zum weiteren Gesprächsverlauf zukommen lassen wollen, das sollten wir in einer Weise formulieren, die unmissverständlich und eindeutig ist.

MERKE

Kennzeichen für eine gut verständliche Ausdrucksweise

- Formulieren Sie eindeutig: Fragen als Fragen, Angebote als Angebote, Hintergrund-Informationen als Hintergrund-Informationen.
- Steuern Sie bewusst die Aufmerksamkeit Ihrer Verhandlungspartner *(„Der folgende Punkt wird für unsere Entscheidung von besonderer Bedeutung sein ...“).*
- Machen Sie deutlich, wenn Sie statt einer inhaltlichen Aussage eine Aussage über das Vorgehen in der Verhandlung machen *(„Bevor wir weiter in die Details gehen, würde ich vorschlagen, zunächst zum gerade Diskutierten zu einer Einigung zu kommen.“).*
- Strukturieren Sie Ihre eigenen Aussagen. Kündigen Sie an, wenn Sie mehrere Punkte ansprechen wollen und nummerieren Sie die einzelnen Punkte bei der Ausführung *(„Drei Punkte sind mir in diesem Zusammenhang besonders wichtig. Als erstes geht es mir um die Frage ...“).*

Sie vergrößern damit Ihre Chance, alle Punkte ohne Unterbrechung ausführen zu können, und stellen sicher, dass Ihre Verhandlungspartner alle angesprochenen Inhalte auch tatsächlich behalten. Auch dazu gibt es weitere Informationen in Kapitel 3 Abschnitt 2.

7 Sie behalten immer den Gesprächsverlauf im Auge

Kein neutraler Moderator

Eine weitere wichtige Eigenschaft guter Verhandlungsführer ist ihre Fähigkeit, neben inhaltlichen Fragen auch den Verlauf des Gesprächs jederzeit im Auge zu behalten: Sind wir beim Thema? Kommen alle zu Wort, die etwas zu sagen haben? Drehen wir uns in der Diskussion im Kreis? Ist die Zeit reif für Zusammenfassungen oder Kompromissangebote?

In den allermeisten Fällen gibt es bei Verhandlungen zwischen Betriebsrat und Arbeitgeber keinen neutralen Moderator, der sich um diese Fragen kümmert. Sie liegen also während der laufenden Verhandlung in der Verantwortung aller Beteiligten. Gerade für einen Betriebsrat, der als Team auftritt, besteht hier eine große Chance: Überlegen Sie im Vorfeld, welcher Teilnehmer auf Betriebsratsseite die Rolle des Moderators einnimmt. Das kann der Vorsitzende sein, muss aber nicht. In vielen Fällen ist dies noch nicht einmal ratsam – und zwar immer dann, wenn der Vorsitzende auch für die inhaltliche Diskussion zuständig sein soll. Schließlich sollte sich der Moderator mit Beiträgen zum Inhalt möglichst zurückhalten.

MERKE

Aufgaben des Moderators

Der Moderator
- führt bei Abschweifungen zum Thema zurück,
- kümmert sich um die Einhaltung der Spielregeln (ausreden lassen, Zeitplan einhalten etc.) und
- greift bei unfairem Verhalten steuernd ein.

Mit einer solchen Rollenverteilung können alle anderen Betriebsratsmitglieder den Kopf frei behalten, um sich ganz auf die inhaltlichen Fragen zu konzentrieren.

Zu grundlegenden Fragetechniken zur Gesprächssteuerung finden Sie ergänzende Hinweise im Kapitel 3 Abschnitt 3, Praxis-Tipps zu verschiedenen schwierigen Situationen im Abschnitt 5.

8 Sie sind ein guter Zuhörer

Zwischen den Zeilen lesen

Wissen ist Macht! Nur wer in einer Verhandlung gut zuhört, wie die Gegenseite argumentiert, welche Ziele oder welche Strategie sie verfolgt, nur der hat das Wissen, wie er mit genau diesem Gesprächspartner in genau dieser Situation am besten umgeht. Schließlich sind Zugeständnisse oder Kompromissangebote oft versteckt. Die eigentlichen, nicht offen ausgesprochenen Bedürfnisse oder Ziele sind nur zwischen den Zeilen zu lesen. Wer dagegen die Gedanken nur und ausschließlich beim nächsten eigenen Argument hat, der wird wichtige Informationen überhören und sich nie auf die konkrete Situation wirklich einstellen können.

Gutes Zuhören bedeutet dabei mehr, als sich stumm zurückzulehnen. Gutes Zuhören ist vielmehr **aktives** Zuhören.

TIPP

Tipps für ein erfolgreiches aktives Zuhören

- Lenken Sie das Gespräch durch offene Fragen in eine bestimmte Richtung.
- Signalisieren Sie körpersprachlich (durch Kopfnicken, Blickkontakt etc.) oder verbal Aufmerksamkeit (*„Hmm“*, bestätigende oder ergänzende Rückfragen: *„Ein Punkt würde mich noch besonders interessieren ...“*).
- Wiederholen Sie das letzte Stichwort, um die Gegenseite am Reden zu halten (*„Die Einhaltung der Termine ist für Sie also von Ausschlag gebender Bedeutung.“*). Ihr Verhandlungspartner wird in der Regel an diesem Stichwort wieder anknüpfen und Sie bekommen wichtige Informationen für die weitere Verhandlung.

Hinweise zur non-direktiven Gesprächsführung finden Sie in Kapitel 3 Abschnitt 4.

9 Sie können einschätzen, wann es sich lohnt, hartnäckig zu bleiben

Nicht mit dem Kopf durch die Wand

Verhandlungsführung ist Geben und Nehmen. Wer immer nur mit dem Kopf durch die Wand will, muss sich nicht wundern, die eine oder andere Beule davon zu tragen. Die Beulen für den Betriebsrat gibt es spätestens bei der nächsten anstehenden Verhandlung, wenn der Arbeitgeber wieder am längeren Hebel sitzt.

Kluge Verhandlungsführer halten sich daher immer das Hintertürchen offen, auch mal „fünf gerade sein" zu lassen. Allerdings nur, wenn die Gegenseite sich umgekehrt ebenso entgegenkommend zeigt. Nicht jedes Thema lohnt einen Grundsatzstreit um Prinzipien. Wenn Sie einen Teil der anstehenden Probleme auch einmal pragmatisch lösen, dann erhöhen Sie sogar Ihre Glaubwürdigkeit, sofern Sie bei anderen Themen hart bleiben.

MERKE

Kriterien für die Entscheidung, wann es sich lohnt, hartnäckig zu bleiben

Hartnäckig zu bleiben ist vor allem in den folgenden Situationen sinnvoll:

- Wenn die Spielregeln für eine vertrauensvolle Zusammenarbeit auf Dauer nicht eingehalten werden,
- wenn es um regelmäßige Verstöße gegen Mitbestimmungs- oder Informationsrechte des Betriebsrats geht,
- wenn die Interessen der Kolleginnen und Kollegen massiv beeinträchtigt sind oder
- wenn klare rechtliche Verstöße des Arbeitgebers vorliegen.

Dazu kommt natürlich immer die Abwägung, welche Machtmittel dem Betriebsrat in der konkreten Situation zur Verfügung stehen, um die eigenen Interessen auch tatsächlich durchzusetzen. Einige Ideen dazu mit Blick auf Ihre Überzeugungsmittel finden Sie in Kapitel 2 Abschnitt 2.3. Ergänzende Hinweise mit Blick auf mögliche Taktiken bzw. Abschlusstechniken gibt es in Kapitel 3 Abschnitt 6.

10 Sie erleichtern Ihren Verhandlungspartnern die Zustimmung

Die Ergebnisse schmackhaft machen

Ob Ihre Verhandlungspartner auf Ihre Vorschläge eingehen, hängt häufig nicht allein von den tatsächlich Anwesenden ab. Hier spielen in der Regel Vorgaben von Vorgesetzten sowie andere äußere Zwänge eine wichtige Rolle. So geschieht es immer wieder, dass zwar der anwesende Verhandlungspartner geschickt überzeugt werden konnte. In dem Augenblick jedoch, in dem Ergebnisse spruchreif werden, kommt völlig überraschend ein Rückzieher. Der Grund: Die Angst des Verhandlungspartners vor der Reaktion seiner Vorgesetzten, die ja den Verlauf der Verhandlung nicht miterlebt haben. Sie können sich vor dieser Erfahrung schützen, indem Sie die folgenden Hinweise beachten.

TIPP

Ideen, um die Zustimmung zu erleichtern

- Versuchen Sie zu Beginn einer Verhandlung auszuloten, welche Vorgaben und äußeren Zwänge das Verhalten Ihres Verhandlungspartners bestimmen. Vermeiden Sie jedoch, ihn auf diese Vorgaben zu früh festzulegen. Es könnten auch vorgeschobene Zwänge sein, um die eigene Position zu stärken.
- Beachten Sie in Ihrer eigenen Argumentation auch die Situation des anderen. Liefern Sie ihm Argumente, die er zur Begründung der Verhandlungsergebnisse bei seinen Vorgesetzten braucht *(„Für das Unternehmen bringt unser Kompromiss folgende Vorteile ...“).*
- Machen Sie immer auch deutlich, wo Sie der Gegenseite entgegengekommen sind, in welchen Fragen also Ihr Verhandlungspartner auch etwas erreicht hat.

Die genaueren Hinweise zu diesem Thema verteilen sich auf verschiedene Abschnitte dieses Buches. Schließlich können Sie bereits bei der Vorbereitung Ihrer Überzeugungsmittel auf diese Frage Rücksicht nehmen (Kapitel 2 Abschnitt 2), besonders relevant wird dies jedoch mit Blick auf die Abschlussphase (Kapitel 3 Abschnitt 6) einer Verhandlung.

11 Sie orientieren sich an einer langfristigen guten Zusammenarbeit

Unangemessener Druck

Und wo bleiben - werden Sie sich vielleicht fragen - die effektiven Druckmittel, mit denen man seine Verhandlungspartner so richtig in die Knie zwingen kann? Und wie können wir es denjenigen endlich einmal zurückzahlen, die uns selbst seit Jahren immer wieder unter Druck „Kompromisse" abpressen? Sind erfolgreiche Verhandlungsführer nicht die, die der Gegenseite auch mal so richtig zeigen, wo es lang geht? Warum liegt der Schwerpunkt der Tipps immer darauf, zu einer ruhigen und sachlichen Verhandlung zurückzukehren?

Ganz einfach: Weil es Ihnen in Ihrer Rolle als Betriebsrat in der Praxis am meisten nützen wird. Zugestanden, Sie werden auch mit der hier skizzierten sachlichen Verhandlungsführung nicht alle unfairen Verhandlungstechniken aus der Welt schaffen können. Zweifellos wird es von Zeit zu Zeit trotzdem geschehen, dass Sie unter Druck gesetzt werden, weil sich die Gegenseite einfach in einer stärkeren Position befindet (frei nach dem Motto: „Wer zahlt, schafft an!"). Und ebenso wird es im Alltag immer wieder vorkommen, dass in Verhandlungen bewusst getäuscht und gelogen wird oder dass unter Vorspiegelung falscher Tatsachen Zugeständnisse erpresst werden. Warum also sollen wir es solchen Leuten nicht zurückzahlen, wenn wir uns endlich einmal in einer stärkeren Position befinden?

MERKE

Denken Sie immer daran: Sie selbst sind dann souverän und werden dann am meisten erreichen, wenn Sie ruhig, sachlich und nach außen kooperativ bleiben.

Über den Tag hinaus

Nach der Verhandlung ist vor der Verhandlung. Die Atmosphäre früherer Gespräche bestimmt jede aktuelle Verhandlung mit. Und wer wird wohl eher bereit sein, Ihnen auch mal ein Zugeständnis zu machen oder Ihnen eine Vergünstigung einzuräumen: Derjenige, den Sie immer mal wieder spüren ließen, wer das Sagen hat oder der herausgefunden hat, wo er von Ihnen getäuscht und mit falschen Angaben über den Tisch gezogen wurde? Oder eher derjenige, mit dem Sie über Jahre hinweg fair nach für beide Seiten akzeptablen Ergebnissen gesucht haben?

Aber umgekehrt heißt das natürlich nicht, dass wir uns gegen Provokationen, Tricks und Erpressungen der Gegenseite nicht wehren sollten. In Kapitel 3, Abschnitt 5 finden Sie dazu ergänzende Hinweise.

Vorbereitung von Verhandlungen

2

Die besten Ideen und Argumente fallen einem nie ein, wenn man sie gerade braucht. Sie kommen entweder eine halbe Stunde zu spät – oder aber rechtzeitig im Vorfeld, wenn der Kopf noch frei ist. Der Erfolg in einer Verhandlung steht und fällt daher mit einer systematischen Vorbereitung, die vor allem drei Aspekte umfasst:

1. Die Vorbereitung der Inhalte: Hier geht es um Fragen zu Ihren Zielen, zu Ihren Überzeugungsmitteln und um Möglichkeiten der Einwandbehandlung.
2. Die Vorbereitung Ihrer Strategie und Taktik: Hier stehen Fragen zur Rollenverteilung und zum Umgang mit schwierigen Verhandlungspartnern im Mittelpunkt.
3. Die Vorbereitung des äußeren Rahmens: Dabei geht es um Fragen zum zeitlichen und räumlichen Umfeld.

Dieses Kapitel zeigt, wie Sie sich Schritt für Schritt auf eine anstehende Verhandlung vorbereiten – für sich oder im Team.

1 Ziele formulieren

Zunächst ist es erforderlich, Ziele zu formulieren.

Entgegenkommen einplanen

Wer kein Ziel hat, erreicht auch keins! Diese Aussage leuchtet schnell ein. Man kann aber auch an diesen Satz anknüpfen und sagen: Wer nur *ein* Ziel hat, wird wahrscheinlich auch dieses nicht erreichen!

Um zu verstehen, worum es bei der Formulierung unserer Ziele geht, versetzen wir uns in die Lage unseres Gegenübers: Nehmen wir an, dass ein Betriebsrat auch nach zwei Stunden zähen Verhandelns noch keinen Millimeter von seiner ursprünglichen Forderung abgewichen ist. Kann der Arbeitgeber in diesem Fall zufrieden den Raum verlassen? Wohl kaum. Umgekehrt gilt dies schließlich auch: Wenn wir als Betriebsrat den Eindruck haben, ständig zu kämpfen ohne irgendetwas zu erreichen, sind auch wir frustriert. Eine solche Unzufriedenheit führt sehr häufig zu einer Blockadehaltung und damit zur Ablehnung von Vorschlägen der Gegenseite, selbst dann, wenn diese vielleicht gar nicht so schlecht wären.

Im Grunde genommen bestimmen Sie also bereits durch die Entscheidung, mit wie vielen Zielen Sie in eine Verhandlung gehen, den späteren Verhandlungsstil. Denn je mehr inhaltliche Optionen Sie haben, umso flexibler können Sie auch auf den Verhandlungsverlauf reagieren. Je geringer dagegen der Spielraum, umso schneller wird sich die Verhandlung festfahren. Drei klassische Verhandlungstypen lassen sich unterscheiden:

„Friss oder stirb“

Zu dieser Art von Verhandlung kommt es, wenn Sie eine sehr klare Vorgabe haben, was herauskommen muss. Dabei formulieren Sie nur und ausschließlich ein einziges Ziel, Verhandlungsspielraum gibt es nicht. Entweder Ihr Gegenüber akzeptiert Ihre Forderung oder es kommt nicht zu einem gemeinsamen Ergebnis. Für die inhaltliche Vorbereitung bedeutet dies, dass Sie sich in erster Linie Gedanken machen sollten, wie Sie der Gegenseite Ihre Forderung schmackhaft machen können und welche Druckmittel Sie im Zweifelsfall in der Hinterhand haben.

„Basar"

Schon etwas sportlicher sind die Basar-Verhandlungen. In diesem Fall geht man mit zwei Zielen hinein: einer Maximal- und einer Mindestforderung. Gefeilscht wird dann in der Regel um den besten Kompromiss in der Mitte. Hier spielen zusätzlich Fragen zur Gesprächsatmosphäre, zum besten Timing (Wann bringe ich mein letztes Angebot?) oder zur zielgerechten Hartnäckigkeit eine Rolle.

Verhandlungsführung via „Alternativen"

Gute Ergebnisse liegen nicht immer auf der geraden Linie zwischen den jeweiligen Maximalzielen. Kompromisse in der „goldenen Mitte" sind nicht automatisch gute Ergebnisse; manchmal sind sie auch einfach nur „faul". Daher sind die Verhandlungen am spannendsten, bei denen die Bedürfnisse beider Seiten hinterfragt werden und bei denen nach Alternativen gesucht wird, wie sich diese Bedürfnisse am sinnvollsten erfüllen lassen.

Keine dieser Verhandlungstypen ist an sich gut oder schlecht. Sie erfordern nur unterschiedliche Überzeugungsmittel und führen zu völlig unterschiedlichen Atmosphären. Die „Friss oder stirb"-Variante neigt immer dazu, eine Seite zum Verlierer zu stempeln. Sie bietet sich daher eher für Verhandlungen an, in denen man sich nur einmal oder selten trifft. Die beiden anderen dagegen belasten die mittel- und langfristige Zusammenarbeit deutlich weniger; die Idee der „vertrauensvollen" Zusammenarbeit findet sich am stärksten in der Verhandlungsführung via Alternativen.

1.1 Maximalziel und Mindestforderung

Mindestens zwei Ziele

Bei der Vorbereitung im Betriebsrat sollten Sie für die anstehende Verhandlung mit dem Arbeitgeber also immer mindestens zwei Ziele gemeinsam festlegen:

- Ein **Maximalziel**, mit dem Sie in die Verhandlung einsteigen, und
- eine **Mindestforderung,** mit der Sie festlegen, welche Zugeständnisse Sie dem Arbeitgeber gerade noch machen können.

Eine solche Festlegung ermöglicht es, in der Verhandlung von Zeit zu Zeit sagen zu können: *„Gut, da können wir Ihnen entgegenkommen."* Sprechen Sie dies auch wirklich offen an. Sie vermitteln Ihrem Gegenüber so das Gefühl, etwas erreicht oder gewonnen zu haben. Und dieses Gefühl wird es leichter machen, später den getroffenen Ergebnissen auch zuzustimmen.

Kein Gesichtsverlust

Aus Sicht der Verhandlungspsychologie lautet die Regel: Vermeiden Sie es, der Gegenseite einen Gesichtsverlust zuzufügen. Jeder Verhandlungsteilnehmer akzeptiert die gefundenen Ergebnisse leichter, wenn er das Gefühl hat, selbst auch etwas erreicht zu haben. Daher ist es taktisch sinnvoll, sich die Möglichkeit offen zu halten, der anderen Seite entgegen zu kommen, um eine Art **inneres Schulterklopfen** auszulösen.

Und noch ein **Tipp,** um die Formulierung von Zielen zu vermeiden, die sich später als völlig unrealistisch herausstellen:

TIPP

Tipp für die Praxis

Machen Sie sich bereits bei der Formulierung Ihrer eigenen Ziele Gedanken darüber, mit welchem Maximalziel und vor allem mit welcher Mindestforderung Ihr Gegenüber vermutlich in die Verhandlung gehen wird.

1.2 Verhandlungsführung über Alternativen

Basarmethoden vermeiden

Was sich zwischen dem Maximalziel und der Mindestforderung abspielt, ähnelt oft einem Basar. Das typische Ergebnis ist in diesem Fall der Kompromiss in der Mitte. Doch Vorsicht: Ein Kompromiss in der Mitte ist nicht automatisch ein gutes Verhandlungsergebnis.

BEISPIEL

Ein Arbeitgeber hat dem Betriebsrat gegenüber angekündigt, dass er beabsichtigt, die Buchhaltung aufzulösen und die Arbeiten extern erledigen zu lassen. Das würde bedeuten, dass allen 25 Mitarbeitern in der Abteilung betriebsbedingt gekündigt wird.

Das Maximalziel für den Betriebsrat ist klar: Kein Mitarbeiter soll auf der Straße stehen.

Damit wäre der Kompromiss in der Mitte: Nur ein Teil der Mitarbeiter, also je nach Verhandlungsgeschick 10, 12 oder 15 Mitarbeiter, werden entlassen. Dass dies keine zufriedenstellende Lösung ist, liegt auf der Hand.

Alternativen erleichtern die Verhandlungsführung

Zu einer effektiven Vorbereitung gehört auch, sich über Alternativen Gedanken zu machen. Fragen Sie sich schon im Vorfeld, welche Lösungsmöglichkeiten für das anstehende Problem es noch geben könnte. Oft liegen die besten Vorschläge nicht zwischen den vorgebrachten Maximalzielen, sondern rechts oder links davon. Bleiben wir beim oben genannten Praxisfall. Vielleicht könnte die Frage „Entlassung ja oder nein?" umgangen werden, indem die folgenden Alternativen in die Verhandlung eingebracht werden:

- Die Mitarbeiter könnten – eventuell mittels Schulungsmaßnahmen – in anderen Abteilungen eingesetzt werden.
- Vielleicht ist der eine oder andere Mitarbeiter an einer Vorruhestandsregelung interessiert.
- Vielleicht lässt sich der erwünschte Einspareffekt auch durch eine interne Umstrukturierung der Abteilung erreichen.
- Die Firma, die den Auftrag erhält, wird vertraglich verpflichtet, alle oder einen Teil der Mitarbeiter zu übernehmen.

Je mehr Alternativen der Betriebsrat in der Hinterhand hat, umso leichter wird die Verhandlung zu führen sein. Schließlich stellt sich später oft heraus, dass nicht jede Idee auch tatsächlich umsetzbar ist. Und je mehr Alternativen vorhanden sind, umso leichter wird es fallen, das Hauptziel des Betriebsrats, dass kein Mitarbeiter auf der Straße steht, zu erreichen.

Gleichzeitig erleichtern Sie der Gegenseite die Zustimmung zu Ihren Vorschlägen. Gute Alternativen anzunehmen fällt erfahrungsgemäß leichter, als Abstriche bei den eigenen Forderungen zu machen. Es empfiehlt sich daher, lieber über Alternativen zu reden, als sich zu sehr an den Maximalforderungen der Gegenseite festzubeißen.

1.3 Das MAMA-Prinzip

Ein erster Roter Faden

Aus dem bisher Ausgeführten ergibt sich ein erster Roter Faden für Ihre Verhandlungen – zunächst einmal mit Blick auf die Frage, welche Ziele Sie vorbereiten und in welcher Reihenfolge Sie sie sinnvollerweise einbringen sollten. Und damit Sie diese Idee auch in hektischen Situationen nicht aus den Augen verlieren, haben wir es unter dem einfachen Stichwort zusammengefasst: Das MAMA-Prinzip in der Verhandlungsführung.

MERKE

Verhandeln Sie nach dem MAMA-Prinzip

Maximalziel

Alternativen

Mindestforderung

Abbruch

Beachten Sie dabei, dass dieser Rote Faden eine Einbahnstraße darstellt. Der Ablauf funktioniert nur in dieser Richtung. Sie können schließlich nicht Ihr letztes Angebot schon zu Beginn auf den Tisch legen und damit drohen, wenn Sie es nicht erreichen sollten, dann später einen draufzusatteln. Die einzige mögliche Abweichung von dieser Abfolge liegt zwischen dem zweiten und dritten Schritt. Falls Sie feststellen, dass Ihre Mindestforderung in der vorliegenden Form nicht zu erreichen ist, lohnt es sich vielleicht, über neue Alternativen nachzudenken. Sinnvollerweise sollte dies zunächst innerhalb des Betriebsratsgremiums geschehen, um nicht mit Vorschlägen vorzupreschen, die nicht abgestimmt worden sind.

TIPP

Lesetipp

Nicht jede Idee ist neu; schließlich muss man auch das Rad nicht permanent neu erfinden. Wenn ich hier vom MAMA-Prinzip rede, so greife ich auf viele Anregungen zurück, die aus dem so genannten Harvard-Konzept zur Verhandlungsführung stammen. Falls Sie sich hier genauer einlesen wollen, empfehle ich Ihnen das folgende Buch:

Fisher/Patton/Ury, Das Harvard-Konzept. Sachgerecht verhandeln – erfolgreich verhandeln, 24. Auflage, Frankfurt/M. 2013.

1.4 Zusammenfassung der wichtigsten Tipps und Hinweise

Zum Abschluss hier noch einmal eine Zusammenfassung der wichtigsten konkreten Tipps und Hinweise:

TIPP

Tipp für die Praxis

- Treffen Sie im Gremium **klare Absprachen,** mit welchen Zielen und Alternativen Sie in die Verhandlung gehen wollen. So vermeiden Sie es, sich gegenseitig in den Rücken zu fallen.

- Machen Sie sich bereits **im Vorfeld** Gedanken darüber, mit welcher Maximal- bzw. Minimalposition die Arbeitgeberseite vermutlich in die Verhandlung gehen wird. Diese Überlegung hilft Ihnen, Ihre Lage realistisch einzuschätzen und in der Verhandlung selbst spontaner zu reagieren.
- Steigen Sie in die Verhandlung mit **Forderungen** ein, die höher sind als das, was Sie tatsächlich erreichen wollen. Das gibt Ihnen später die Möglichkeit, der anderen Seite entgegenzukommen.
- Reden Sie nicht lange über die **Maximalforderung der Gegenseite.** Je länger sich der Arbeitgeber für seine Ausgangsforderung rechtfertigen und verteidigen muss, umso schwieriger wird es für ihn, später davon abzurücken. Schließlich wird der damit verbundene Gesichtsverlust immer größer.
- Bringen Sie **Alternativlösungen** in die Diskussion ein. Schließlich ist der Kompromiss in der Mitte nicht immer und automatisch die sinnvollste Lösung.
- Bedenken Sie stets: Immer nur **eine Alternative** anbieten! Erst wenn Sie darauf eine Reaktion erhalten haben, können Sie eine weitere einbringen. Die Gegenseite wird sonst sofort auf die Alternative eingehen, die ihr besser ins Konzept passt, während andere dabei oft verloren gehen.
- Wenn Alternativvorschläge keine Lösung bieten, bringen Sie Ihr **„letztes" Angebot** ein. Es sollte dann aber innerhalb dieser Verhandlungsrunde kein „allerletztes" Angebot mehr geben. Sie würden damit nur Gelüste auf ein „allerallerletztes", ein „endgültig allerletztes" usw. schüren.
- **Brechen Sie die Verhandlung** daher **ab,** wenn Sie noch nicht einmal Ihre Mindestforderung erreichen können. Setzen Sie die Verhandlung erst fort, wenn Sie sich innerhalb des Betriebsrats neu über Ihre Verhandlungsposition abgestimmt haben.

2 Überzeugungsmittel

2.1 Verhandlungsführung ist Überzeugungsarbeit

Kein Erfolg ohne geschicktes Argumentieren

Nicht mit jedem Vorschlag werden Sie beim Arbeitgeber offene Türen einrennen – wahrscheinlich ist das sogar eher selten der Fall. Schließlich kann auch eine vertrauensvolle Zusammenarbeit die gegensätzlichen Interessen von Betriebsrat und Arbeitgeber nicht völlig aufheben. Sie werden also Überzeugungsarbeit leisten müssen; Sie werden argumentieren müssen. Und damit stellt sich als nächstes die Frage: Was ist eigentlich ein *Argument*? Und was ist vor allem ein *gutes* Argument?

In diesem Zusammenhang gibt es einen sehr weit verbreiteten Kardinalfehler: Viele Menschen und damit auch viele Betriebsräte neigen dazu, als Argument das vorzubringen, wovon sie sich selbst haben überzeugen lassen. Nur – das ist in den seltensten Fällen das, was die Gegenseite überzeugen wird.

So bringt es im oben angesprochenen Fall der Abteilungsschließung (Kapitel 2 Abschnitt 1.2) wenig, wenn der Betriebsrat mit den folgenden Argumenten den Arbeitgeber von seinen Plänen abzubringen versucht:

- *„Die Mitarbeiter sind viele Jahre hier beschäftigt. Daraus resultiert eine besondere Verantwortung."*
- *„Die meisten betroffenen Mitarbeiter sind in einem Alter, in dem sie kaum Chancen haben, eine neue Beschäftigung zu finden."*
- *„Einige Mitarbeiter haben Familie und wären daher von den finanziellen Einbußen in besonderer Weise getroffen."*

All das mag sicher richtig sein. Einiges davon kann sogar zu rechtlichen Konsequenzen führen, wenn es bei Entlassungen um die Sozialauswahl geht. Und all das ist auch durchaus ein Grund, warum der Betriebsrat in diesem Fall aktiv werden sollte. Nur – keines dieser Argumente wird den Arbeitgeber davon überzeugen, auf die Schließung der Abteilung doch noch zu verzichten, wenn er sich davon bedeutende Einsparungen erhofft. Wie also lässt sich in einem solchen Fall argumentieren?

2.2 Nutzen-Argumentation

Das Gegenüber überzeugen, nicht sich selbst

Die wichtigste Merkregel zuerst: Gute Argumente sind immer Nutzen-Argumente – und zwar Nutzen aus der Sicht des Gesprächspartners. Die entscheidende Frage bei der Vorbereitung der eigenen Argumentation lautet daher: Was hat mein Gegenüber davon, unserem Vorschlag zuzustimmen? Besonders überzeugend ist es natürlich immer, wenn Sie für Ihr Gegenüber einen finanziellen Vorteil herausarbeiten können. Ein Beispiel: Vermutlich werden Sie den Arbeitgeber am ehesten davon überzeugen können, zum Abbau von regelmäßig anfallenden Überstunden neue Mitarbeiter einzustellen, wenn sich unter anderem nachweisen lässt,

- dass der Krankenstand in der betroffenen Abteilung aufgrund der stärkeren Belastung seit dem Beginn der Mehrarbeit deutlich angestiegen ist (bezahlte Krankentage sind schließlich ein schlechtes Geschäft),
- dass vor allem zum Wochenende hin die Qualität der Arbeit sinkt und die notwendige Nacharbeit steigt (was wesentlich aufwändiger und teurer ist als gleich in guter Qualität zu produzieren),
- dass die ausbezahlten Überstundenzuschläge die Kosten für neue Mitarbeiter noch übersteigen,
- dass spontane Spitzenlasten durch kurzfristige Aufträge sich ohne neue Mitarbeiter nicht mehr auffangen lassen.

Zusätzlich können je nach Situation aber auch andere Vorteile in den Mittelpunkt der Argumentation gerückt werden: Positive Schlagzeilen in den Medien, besseres Betriebsklima, Entgegenkommen des Betriebsrats bei einem anderen Thema oder anderes mehr. Dies hängt immer davon ab, was für das Gegenüber in der aktuellen Situation von Interesse sein könnte.

Aus der Perspektive der Gegenseite argumentieren

Auch mit Blick auf die Wahl Ihrer Überzeugungsmittel gilt die Regel: Versetzen Sie sich schon in der Vorbereitungsphase in die Rolle Ihres Gegenübers. Überlegen Sie sich aus seiner Perspektive, wie Sie ihm Ihre Vorschläge wirklich schmackhaft machen können. Konzentrieren Sie sich zunächst auf die Argumente, die vermutlich am wenigsten umstritten sind. Sie vermeiden damit, dass die Gegenseite sich zu früh auf bestimmte strittige Punkte einschießt und daher unnötigerweise in eine Blockadehaltung gedrängt wird. Und denken Sie immer an die folgende Regel:

MERKE

Nicht die Zahl der Argumente entscheidet, sondern ihre Qualität! Und über die Qualität eines Arguments entscheidet vor allem die Frage, welchen Nutzen der konkret Angesprochene daraus ziehen kann.

BEISPIEL

Bleiben wir bei der angedrohten Auflösung der Buchhaltung (Kapitel 2, Abschnitt 1.2). Nehmen wir an, der Betriebsrat favorisiert die Alternative, einen Teil der betroffenen Mitarbeiter in der Firma unterzubringen, die den Auftrag erhält. Sie sollen für drei Jahre gleichen Lohn etc. bekommen und es soll eine Abfindungsregelung geben, falls sie nach dieser Zeit nicht übernommen werden sollten. Der Charme dieses Vorschlags liegt darin, dass er für alle Seiten tatsächlich Vorteile hat:

- Dem eigenen Arbeitgeber gegenüber: Er spart die Abfindungen oder muss sie erst in drei Jahren bezahlen, außerdem erspart er sich drohende Reibungsverluste, da die Mitarbeiter bereits eingearbeitet sind.
- Der externen Firma gegenüber: Sie kann den Auftrag viel leichter und schneller übernehmen und sie bekommt ihn überhaupt nur auf diese Weise.
- Den Mitarbeitern der Abteilung gegenüber: Sie haben zunächst keinerlei finanzielle Einbußen und sie haben eine gute Chance, bei der neuen Firma tatsächlich übernommen zu werden. Falls Sie das nicht möchten, haben sie drei Jahre Zeit, um sich aus einem bestehenden Beschäftigungsverhältnis heraus einen neue Stelle zu suchen.

Beachte: Unter juristischen Aspekten wäre dieser Vorschlag so nicht durchzuführen. Er könnte allenfalls auf der Basis einer freiwilligen Übereinkunft umgesetzt werden.

2.3 Rechtliche Lage und „schwere Geschütze“

Verhalten bei anhaltendem Widerstand

Es bleibt die Frage: Was tun, wenn die Gegenseite sich von unseren Nutzen-Argumenten nicht überzeugen lässt? Jetzt – sinnvollerweise aber wirklich erst jetzt – sollte die rechtliche Situation ins Gespräch kommen. Prüfen Sie daher bereits im Vorfeld, welche Regelungen aus dem Betriebsverfassungsgesetz, aus Arbeitsgesetzen, aus bestehenden Tarifverträgen oder Betriebsvereinbarungen etc. Sie zur Unterstützung Ihrer Position heranziehen können. Gerade bei Themen, die der Mitbestimmung unterliegen, sind die Möglichkeiten besonders groß, aber auch bei vielen anderen Fragen bieten sich durchaus Möglichkeiten, Druck auszuüben.

Klassische Machtmittel des Betriebsrats

Sehen wir uns eines der klassischen Machtmittel des Betriebsrats an: Die Genehmigung von Überstunden. Je nachdem, wie die Situation in einem Betrieb konkret aussieht, könnte die rechtliche Argumentation des Betriebsrats in diesem Fall enthalten,

- dass die gesetzlich oder tariflich vorgeschriebenen Grenzen für die Tages- oder Wochenarbeitszeit überschritten werden und
- dass Überstunden vom Betriebsrat abgesegnet werden müssen, er also auch die Zustimmung verweigern kann.

Und sollte noch nicht einmal dieser Hinweis zu einem Einlenken des Arbeitgebers führen, so bleibt die Androhung konkreter Aktionen. Diese können direkt mit dem verhandelten Thema zusammenhängen – zum Beispiel die Drohung mit der Anrufung einer Einigungsstelle bei mitbestimmungspflichtigen Fragen. Sie können sich aber auch auf andere Dinge beziehen, bei denen der Arbeitgeber auf die Zustimmung des Betriebsrats angewiesen ist – etwa die Ablehnung von zusätzlicher Samstagsarbeit. Oft kommen hier auch Dinge in Frage, die nicht rechtlicher Natur sind (zum Beispiel Öffentlichkeitsarbeit). Und auch was die Schwere Ihrer Drohungen angeht, so sollten Sie flexibel sein und vermeiden, mit Kanonenkugeln auf Spatzen zu schießen. Es muss nicht immer der Arbeitsgerichtsprozess sein. Bei manchen weniger dringlichen Fragen reicht es oft schon, betriebspolitische Aktionen (zum Beispiel eine außerordentliche Betriebsversammlung) ins Gespräch zu bringen.

Das richtige Machtmittel

Was Sie als Machtmittel heranziehen, hängt von Ihrer Situation ab. Auch in dieser Frage sind exakte Absprachen im Gremium ungemein wichtig. Schließlich sollten Sie immer eines im Hinterkopf behalten: Drohen Sie nur mit Aktionen, die Sie im Zweifelsfall auch tatsächlich ausführen können. Es ist auf Dauer fatal, wenn der Betriebsrat mehrmals mit Aktionen droht, dann aber keine Taten folgen lässt. Weitere Drohungen würden bei Ihrem Arbeitgeber aller Voraussicht nach ins Leere laufen.

2.4 Das IRMA-Prinzip

Ein zweiter Roter Faden

Ähnlich wie bei der Zielformulierung nach dem MAMA-Prinzip lässt sich auch mit Blick auf die einzusetzenden Überzeugungsmittel ein Roter Faden für die Verhandlung finden: Das IRMA-Prinzip.

MERKE

Verhandeln Sie nach dem IRMA-Prinzip

Interessen
Rechtliche Lage
Machtmittel
Abbruch

Die dazugehörigen Leitfragen für Ihre Vorbereitung lauten:

- Welche Vorteile hätte der Arbeitgeber, wenn er Ihren Vorschlägen zustimmt?
- Welche rechtlichen Mittel stehen Ihnen im Ernstfall zur Verfügung?
- Welche Machtmittel könnten Sie ausspielen? Wären Sie bereit, diese Mittel im Zweifelsfall tatsächlich einzusetzen?

Die richtige Reihenfolge entscheidet

Auch beim IRMA-Prinzip handelt es sich um eine Einbahnstraße, die nur in dieser Richtung funktioniert. Beginnen Sie auch hier mit positiven Emotionen und versuchen Sie zunächst mit Nutzen-Argumenten die Interessen der Gegenseite anzusprechen.

Erst wenn dies nicht zum Erfolg führt, ist die Zeit reif für Druckmittel. Und wenn auch diese nicht zum Erfolg führen, dann bleibt Ihnen nur noch eine Wahl: Brechen Sie die Verhandlung an dieser Stelle ab – und setzen Sie die angedrohten Aktionen auch tatsächlich in die Tat um!

Warum eine andere Reihenfolge nicht sinnvoll ist, zeigt ein weiterer Blick auf die Grundlagen der Verhandlungspsychologie: Je emotionaler eine Verhandlung geführt wird, umso schwerer fällt es den Teilnehmenden, von ihren Positionen abzuweichen (Stichwort: Gesichtsverlust). Daher ist es sinnvoll, mit den weniger emotionsgeladenen Überzeugungsmitteln einzusteigen.

Aus demselben Grund ergibt sich ein weiterer ganz praktischer Tipp: Verbinden Sie den Abbruch immer mit einer Bedenkzeit von ein bis zwei Tagen nach dem Motto: *„Wenn wir von Ihnen bis morgen Nachmittag nichts gehört haben sollten, bleibt uns leider keine andere Wahl als ...“* Viele Menschen, die aus der Hitze des Gefechts heraus keinerlei Zugeständnisse machen würden, überlegen es sich anders, wenn sie noch einmal darüber schlafen und in Ruhe nachdenken können, ob sie die angedrohten Konsequenzen tatsächlich tragen wollen.

Bedenkzeit einräumen

MERKE

Abschließend noch eine Warnung: Ein weit verbreiteter Fehler ist es, zu früh auf die rechtliche Lage oder gar Machtmittel zu sprechen zu kommen. Manche Betriebsräte steigen oft sogar direkt damit ein nach dem Motto: *„Wenn die rechtliche Lage klar ist, dann brauchen wir darüber nicht zu streiten!“* Für den Einzelfall stimmt das. Langfristig jedoch läuft dieses Verhalten darauf hinaus, dass beide Seiten immer nur noch das bekommen, was wörtlich im Gesetz steht – und keinen Millimeter mehr! Eine flexible Betriebsratsarbeit zum Wohl der Belegschaft wird auf diese Weise eher erschwert als erleichtert.

2.5 Kleiner Test zum voraussichtlichen Verhandlungsverlauf

Natürlich lassen sich Verhandlungen nie mit 100 %iger Sicherheit vorausplanen. Die Reaktionen von Menschen bleiben – Gott sei Dank – immer ein wenig unberechenbar. Trotzdem hilft es natürlich, schon im Vorfeld zu erahnen, in welcher Atmosphäre eine Verhandlung wohl verlaufen wird, wie viele Widerstände zu erwarten sind oder mit welchen Druckmitteln der Gegenseite zu rechnen sein wird. Das Vorgehen nach dem IRMA-Prinzip ermöglicht hier einen kleinen Test, mit dem sich schon einmal ein Blick auf die zukünftige Verhandlung werfen lässt.

Überlegen Sie sich dazu nicht nur, wie viele (und wie gute) Nutzen-Argumente, rechtliche Hintergründe und konkrete Machtmittel Ihnen selbst für die anstehende Verhandlung zur Verfügung stehen. Machen Sie die gleiche Analyse auch aus der Perspektive Ihrer Gegenseite. Versetzen Sie sich in deren Lage. Überlegen Sie, wie Ihnen Ihr Arbeitgeber seine Vorschläge schmackhaft machen könnte, wie die juristische Lage aus seiner Perspektive aussieht und welche Machtmittel ihm zur Verfügung stehen. Durch dieses Vorgehen sind Sie zum einen besser auf die kommende Ver-

In die Gegenseite hineinversetzen

handlung vorbereitet. Zum anderen können Sie jetzt auch schnell und vergleichsweise zuverlässig ablesen, was für eine Art von Verhandlung Ihnen vermutlich bevorsteht:

- Haben Sie eine gute Zahl überzeugender Nutzen-Argumente, dann sollte einer Verhandlung in kooperativer Atmosphäre nichts im Wege stehen. Achten Sie in diesem Falle darauf, gemeinsame Ergebnisse nicht durch unnötige Spannungen und Angriffe zu gefährden.
- Hat die Gegenseite gute Nutzen-Argumente, so sollten Sie auch deren Vorschläge wohlwollend prüfen und eine pauschale Generalablehnung vermeiden. Auch in diesem Fall dürfte die Atmosphäre entspannt und kooperativ bleiben.
- Sind Ihre Überzeugungsmittel (oder die der Gegenseite) eher juristischer Natur, dann wird sich eine längere Diskussion in der Regel nicht lohnen. Legen Sie in diesem Fall Ihre Entscheidungsvorschläge frühzeitig auf den Tisch. Falls es nicht zu einer Einigung kommt, wird die Verhandlung wohl eher auf juristischem Weg (Gerichtsverfahren oder Einigungsstelle) entschieden.
- Und was nun, wenn die rechtliche Lage unklar ist und Sie auch kaum über Nutzen-Argumente verfügen? Dann sollten Sie sorgfältig abklären, wessen Machtmittel im Zweifelsfall schwerer wiegen und ob Sie als Gremium tatsächlich bereit sind, eine so harte Auseinandersetzung einzugehen. Denn eines ist klar: In diesem Fall steht Ihnen aller Voraussicht nach eine kontroverse und vermutlich emotional geführte Debatte bevor.

3 Umgang mit Einwänden

3.1 Arten von Einwänden

Angst vor Einwänden

Wer kennt nicht Situationen wie diese: Sie haben gerade die Vorschläge des Betriebsrats im Monatsgespräch vorgestellt, Nutzen-Argumente genannt und mögliche positive Konsequenzen ausgemalt und erhoffen sich natürlich nun die Zustimmung des Arbeitgebers. Was aber stattdessen kommt, sind Einwände und Bedenken: *„Sie haben leider übersehen,* *dass ...“* oder *„Diesen Vorschlag haben wir bereits vor einiger Zeit überprüft, sind jedoch zu dem Ergebnis gekommen, dass ...“* – Alles für die Katz?

Viele Betriebsräte fürchten Einwände als Widerstand gegen die eigene Argumentation. Dabei wird übersehen, dass sachliche Einwände und Bedenken Gespräche durchaus voranbringen können. Schließlich erfahren Sie auf diese Weise, wo Ihrem Gesprächspartner der Schuh drückt. Sehen Sie Einwände daher als Chance, mehr über die Bedürfnisse des Gegenübers zu erfahren. Nutzen Sie Einwände, um Ihre eigene Argumentation zu präzisieren. Ein sachlich widerlegter Einwand ist häufig wertvoller als fünf wohlüberlegte Argumente.

Mögliche Einwände

Ein Schritt bei der inhaltlichen Vorbereitung zielt darauf ab, sich schon im Vorfeld für möglicherweise auftretende Einwände der Gegenseite zu wappnen, um dann „spontan“ darauf reagieren zu können. In der Regel kennen sich Betriebsrat und Arbeitgebervertreter über Jahre hinweg. Die Chancen stehen daher nicht schlecht, dass Sie auf vieles, was von der Gegenseite zu erwarten ist, auch schon selbst im Vorfeld kommen können. Manches davon wird sich inhaltlich gut widerlegen lassen, manches auch nicht. Und das eine oder andere Gegenargument wird vielleicht doch noch spontan in der Verhandlungsrunde auftauchen. Letztlich brauchen wir also Taktiken für drei unterschiedliche Arten von Einwänden und Gegenargumenten:

1. Einwände, mit denen Sie rechnen können und die sich sachlich widerlegen lassen. Hier braucht es Möglichkeiten, wie sich die inhaltliche Auseinandersetzung am effektivsten gestalten lässt.
2. Einwände, mit denen Sie ebenfalls rechnen können, die sich sachlich aber nicht widerlegen lassen. Hier ist die Frage, welche Ablenkungsmanöver eingesetzt werden können, um die Aufmerksamkeit weg von diesen Punkten und hin zu Themen zu lenken, bei denen Sie sich leichter tun.
3. Unerwartete Einwände, auf die Sie keine spezielle Reaktion vorbereiten können. Streng genommen geht es in diesem Fall nicht um eine inhaltliche Vorbereitung, sondern bereits um Taktiken, wie Sie in der konkreten Situation Zeit gewinnen und die Offensive zurückerlangen können.

In der Regel sollten Sie sich immer auf eine mögliche Reaktionsweise beschränken, da sonst die vorgebrachten Einwände im Gesamtverlauf zu dominant werden. Nur in Ausnahmefällen bei sehr grundsätzlichen Fragen können mehrere der folgenden Taktiken nebeneinander verwendet werden.

3.2 Einwände, die sich sachlich widerlegen lassen

Fakten und schriftliche Belege

Die richtige und effektivste Taktik ist es in diesem Fall, sich tatsächlich inhaltlich mit dem Einwand zu beschäftigen. Dass dies möglichst fundiert geschehen sollte, ist klar. Denken Sie daher daran, die Faktenlage möglichst präzise und detailliert vorzutragen und wenn möglich mit schriftlichen Belegen zu untermauern. Wenn Sie einen Fachmann zum Thema aufbieten können (etwa den Sprecher des damit betrauten Ausschusses oder ein Betriebsratsmitglied, das in der entsprechenden Abteilung vor Ort sitzt), kann es Ihre Position stärken, wenn dieser die entsprechenden Ausführungen macht. Überlegen können Sie noch, an welcher Stelle im Verhandlungsablauf die Einwandbehandlung am sinnvollsten stattfindet.

Taktik 1: Nehmen Sie mögliche Einwände selbst vorweg.

Einwandvorwegnahme

Die Taktik der Vorwegnahme von Einwänden ist uralt. Schon die alten Griechen wussten, dass sich die Wirkung von Einwänden begrenzen lässt, indem man sie selbst in der eigenen Argumentation aufgreift und gegebenenfalls durch Gegenargumente widerlegt. Diese Taktik empfiehlt sich ganz besonders für die Einwände, die mit großer Sicherheit von der Gegenseite kommen werden. Schließlich wollen Sie keine schlafenden Hunde wecken.

Wirkungsvoll ist diese Taktik, weil Sie auf diese Weise der Gegenseite schon im Vorgriff den Wind aus den Segeln nehmen. Der Einwand ist durch Ihre Ausführungen bereits abgehandelt und Sie können sofort eigene Argumente dagegenstellen. Ohne diesen Vorgriff starten Sie in die Diskussion mit dem Einwand – nicht mit Ihren Argumenten. Darüber hinaus verschafft Ihnen ein solches Vorgehen auch mehr Glaubwürdigkeit. Schließlich zeigen Sie, dass Sie den Gegenstand oder das diskutierte Problem von allen Seiten betrachtet haben.

BEISPIEL

Beispiele für Formulierungen

- *„Sie werden sicher einwenden, dass ..."*
- *„Ich weiß, man könnte hier leicht den Eindruck gewinnen, dass ..."*
- *„Wir hören selbst immer wieder die Ansicht ..."*
- *„Uns ist klar, dass Sie wenig Zeit haben, daher werde ich mich kurz fassen ..."*

Achten Sie in der direkten Verhandlungssituation immer darauf, dass Sie bei der Einwandvorwegnahme jeden polemischen oder herablassenden Unterton vermeiden. Schließlich werten Sie damit nicht nur die Argumentation, sondern gleichzeitig auch die Person des Verhandlungspartners ab.

Taktik 2: Greifen Sie den Einwand explizit auf und behandeln Sie ihn als Frage.

Einwand als Frage aufgreifen

„Offene Fragen" zu beantworten ruft weniger Widerstand hervor als „Einwänden" zu widersprechen. Diese Taktik ist die richtige Wahl, wenn Sie entweder gar nicht dazu gekommen sind, als erstes Ihre Argumente einzubringen oder wenn Sie aus strategischen Überlegungen heraus die Gegenseite zuerst zum Zug kommen lassen wollten und die ersten Einwände daher bereits im Raum stehen. Hier sollten Sie die Chance zum sachlichen Konter nutzen. Kündigen Sie zunächst an, auf welche Aussage der Gegenseite Sie sich explizit beziehen werden.

BEISPIEL

Beispiel für eine Formulierung

„Ich wollte noch mal auf Ihre Frage von vorhin eingehen ..."

Im Anschluss daran führen Sie Ihre Sachargumente aus – möglichst konkret, verständlich und gegebenenfalls mit schriftlichen Belegen untermauert.

Taktik 3: Wägen Sie die verschiedenen Standpunkte miteinander ab.

Von verschiedenen Seiten betrachten

Auch diese Vorgehensweise bietet sich immer dann in besonderer Weise an, wenn Sie tatsächlich über die besseren Sachargumente verfügen. Verhandlungspsychologisch gilt: Wer zeigt, dass er ein Problem von allen Seiten betrachtet hat, wirkt kompetenter als jemand, der nur von einer Seite aus diskutiert und argumentiert. Fassen Sie in diesem Fall beide Standpunkte zusammen. Stellen Sie dar, was jeweils dafür und dagegen spricht. Beginnen Sie bei dieser Abwägung mit der Position, die Ihnen weniger liegt, greifen Sie hier aber auf die Ideen des formulierten Einwands zurück. Stellen Sie dieser Position gleich im Anschluss Ihre eigene entgegen und wägen Sie Pro- und Kontra-Argumente ab. Aus dieser Betrachtung heraus können Sie nun Ihre Position als die günstigere darstellen.

3.3 Einwände, die sich sachlich nicht widerlegen lassen

Ablenkungstaktiken

Hier ist eine Reaktion naturgemäß nicht ganz so einfach. Und ganz ehrlich – wenn Ihnen hier gleich mehrere Einwände einfallen, dann sollten Sie ernsthaft darüber nachdenken, ob Ihr Vorschlag denn wirklich so gut und ausreichend durchdacht ist, um ihn in die Verhandlung einzubringen.

Trotzdem wird es sich nicht ganz vermeiden lassen, dass die Gegenseite gute Einwände hat, wir aber aus anderen Gründen unseren Vorschlag dennoch für wichtig und gut halten. In diesem Fall muss das erste Ziel sein, diese Einwände möglichst elegant aus dem Blick zu räumen und die Aufmerksamkeit stattdessen auf andere Aspekte oder Argumente zu bringen, die für uns positiver sind. Auch dafür stehen uns verschiedene Taktiken zur Verfügung.

Taktik 4: Reflektieren Sie mögliche Konsequenzen.

Zurück zum eigenen Vorschlag

Einwände, die wir nicht widerlegen können, sollten deshalb am besten auch keinen breiten Raum einnehmen. Gehen Sie daher gar nicht erst konkret auf den Einwand ein, sondern schwächen Sie ihn durch Ignorieren. Um aber dennoch weiter zum Thema zu reden, stellen Sie die Konsequenzen dar, die sich ergeben würden, wenn Ihr Vorschlag scheitern sollte. Je nach Situation könnten dies ganz unterschiedliche Dinge sein. Sie können vielleicht damit argumentieren,

- dass die Stimmung in der Belegschaft kippt,
- dass Arbeitsabläufe gefährdet wären,
- dass Termine nicht eingehalten werden können,
- dass Ärger mit Kunden droht,
- dass gerade Spitzenkräfte die Firma verlassen könnten.

Taktik 5: Erstellen Sie eine Plus-Minus-Liste.

Pro und Kontra

Die Taktik, eine Plus-Minus-Liste zu erstellen, klingt ein wenig paradox, ist aber häufig sehr wirkungsvoll. Erfahrungsgemäß sind Einwände am schnellsten vom Tisch, wenn Sie sie akzeptieren. Interessanterweise nimmt auch dieses Vorgehen der anderen Seite den Wind aus den Segeln.

Warum schließlich sollte man lange auf einem Thema herumreiten, das von der Gegenseite bereits akzeptiert ist. Der Trick dabei ist, dass Sie dem zugestandenen Einwand sofort Ihre stärksten Plus-Argumente entgegensetzen. Versuchen Sie im Anschluss daran, die Diskussion darauf zu konzentrieren.

BEISPIEL

Beispiele für Formulierungen

- *„Zugegeben, das ist tatsächlich ein Nachteil. Dafür bietet unser Vorschlag aber drei sehr wichtige Vorteile ..."*
- *„Natürlich ist dieser Einwand berechtigt. Genau deswegen haben wir uns darüber Gedanken gemacht. Wegen der folgenden Vorteile jedoch ..."*

Gerade wenn Sie sehr viele Vorteile haben, empfiehlt es sich, eine solche Plus-Minus-Liste sogar öffentlich und schriftlich (Flipchart) zu erstellen, um alleine mit der Optik (viele Stichpunkte – wenig Stichpunkte) zu überzeugen (siehe auch Kapitel 3 Abschnitt 6.3).

3.4 Unerwartete Einwände

Zeit gewinnen

Wie der Name schon sagt: Eine spezielle Reaktion können Sie hier nicht vorbereiten. Aber es gibt auch in dieser Situation keinen Grund zur Panik. Es gibt auch für diesen Fall einige Reaktionsmöglichkeiten, um sich so elegant wie möglich aus der Affäre zu ziehen. Sie dienen allesamt dazu, Zeit zu gewinnen, weitere Informationen der Gegenseite zu erhalten, vor allem aber möglichst schnell wieder in die eigene Linie zurückzufinden.

Taktik 6: Lassen Sie sich den Einwand näher erläutern.

Offene Gegenfragen

Die Taktik, sich einen Einwand erst einmal näher erläutern zu lassen, empfiehlt sich vor allem dann, wenn ein Einwand zwar sachlich begründet, aber emotional oder provokativ formuliert ist. Stellen Sie in diesem Fall eine (offene) Gegenfrage. Fordern Sie Ihren Gesprächspartner auf, seinen Standpunkt näher zu erläutern. In den allermeisten Fällen wird die Formulierung in der zweiten Fassung weniger emotionsgeladen sein und die Atmosphäre auf diese Weise wieder ein wenig beruhigt. Ihr Gesprächspartner bekommt den Eindruck, dass Sie ihn und sein Anliegen ernst nehmen. Darüber hinaus bekommen Sie nun weitere Informationen und mehr Zeit, sich eine Antwort zu überlegen.

BEISPIEL

Beispiele für Formulierungen

- *„Was genau stört Sie denn an unserem Vorschlag?“*
- *„Wo konkret sehen Sie denn die Schwierigkeiten bei der Umsetzung?“*

Lassen Sie im Anschluss die Gegenseite ausführlich zu Wort kommen. Irgendwann wird wahrscheinlich eine Aussage kommen, auf die Sie wieder vorbereitet sind und auf die Sie eine gute Reaktion haben. Und genau daran knüpfen Sie an.

Taktik 7: Stellen Sie Einwände zurück.

Verweis auf Diskussionsrunde

Die Taktik, Einwände erst einmal zurückzustellen, bietet sich immer dann an, wenn Sie in Ihrer eigenen Argumentation von einem Einwand unterbrochen werden. Manche Menschen versuchen, ihre Gesprächspartner auf diese Weise aus dem Konzept zu bringen. Lassen Sie sich nicht von Ihrem Gedankengang abbringen. Signalisieren Sie, dass der Einwand bei Ihnen angekommen ist, stellen Sie eine Antwort darauf aber zurück.

BEISPIEL

Beispiel für eine Formulierung

„Danke für den Hinweis. Erlauben Sie mir nur, dass ich meinen Gedankengang noch zu Ende führe. Auf Ihre Frage werde ich sofort zurückkommen.“

Sie erhalten auf diese Weise die Möglichkeit, ungestört Ihre Argumentation fortzusetzen. Darüber hinaus gewinnen Sie Zeit, sich eine Reaktion zu überlegen. Trotzdem fühlt sich Ihr Gesprächspartner ernst genommen. Diese Taktik lässt sich noch verbessern, indem Sie gegebenenfalls die Anmerkung sogar schriftlich notieren, um Ihr Interesse zu signalisieren.

Vorsicht beim Taktieren

Immer wieder wird diese Taktik auch dazu eingesetzt, um unliebsamen Einwänden aus dem Weg zu gehen. Die Hoffnung ist, dass sich der Einwand durch die weitere Diskussion von selbst erledigt, indem andere Punkte in den Vordergrund gestellt werden. Das funktioniert sogar erstaunlich häufig. Seien Sie hier dennoch sehr vorsichtig. Wenn ein solches Vorgehen als bewusste Taktik entlarvt wird, verlieren Sie sehr viel Ihrer Glaubwürdigkeit und Kompetenz.

Taktik 8: Fragen Sie weitere Einwände ab.

Auswahl verschaffen

Zugegeben: Der Hinweis „Fragen Sie weitere Einwände ab“ klingt paradox. Schließlich wollen wir uns vor Einwänden schützen. Dennoch hat auch diese Taktik durchaus ihre Berechtigung. Ihr Einsatz lohnt sich immer dann, wenn Sie eines der folgenden Ziele im Auge haben:

- Wenn Sie den Widerstand Ihres Gesprächspartners besser einschätzen können wollen,
- wenn Sie mehr Zeit zum Überlegen gewinnen wollen oder
- wenn Sie weitere Einwände hören wollen, damit Sie sich die aussuchen können, die sich am einfachsten entkräften lassen.

Natürlich ist dieses Vorgehen vor allem mit Blick auf den dritten Aspekt ein Trick, der, wie andere Tricks auch, nur funktioniert, wenn ihn die andere Seite nicht durchschaut. Und genau deswegen sollten Sie damit vorsichtig und sparsam umgehen, um Ihre Glaubwürdigkeit nicht aufs Spiel zu setzen. Dennoch lohnt sich ein Versuch, denn selbst wenn die Gegenseite auf diesem Einwand beharrt, so ist ja immer noch ein Wechsel zu Taktik 4, 5 oder 6 möglich.

BEISPIEL

Beispiel für Taktiken zur Einwandbehandlung

Bleiben wir ein letztes Mal beim Beispiel „Auflösung der Buchhaltung“ (siehe dazu Kapitel 2, Abschnitt 1.2). Nehmen wir an, gerade liegt der Alternativvorschlag des Betriebsrats auf dem Tisch, einen Teil der betroffenen Kolleginnen und Kollegen bei der Firma unterzubringen, die den Auftrag übernehmen soll. Dabei sollen drei Jahre lang die gleichen Konditionen gelten, und bei einer Nichtübernahme nach drei Jahren noch eine Abfindung der alten Firma bezahlt werden. Von Seiten des Arbeitgebers wären die folgenden Einwände denkbar:

1. *„Dieser Vorschlag belastet die Auftragsvergabe und macht die Maßnahme damit teurer.“*
2. *„Wir können das nicht über die Köpfe der Betroffenen hinweg entscheiden.“*
3. *„Wir können uns in dieser Frage nicht auf drei Jahre im Voraus festlegen lassen.“*
4. *„Diese Regelung umfasst erheblich mehr, als den Betroffenen laut Gesetz zustehen würde.“*

Die ersten beiden Einwände lassen sich dabei relativ leicht sachlich widerlegen. Sie würden sich daher auch für eine Einwandvorwegnahme anbieten (siehe Taktik 1). Beim dritten und vierten Einwand geht dies nicht mehr so ohne weiteres. Hier bietet sich vielmehr Taktik 3 oder 4 an. Die Reaktionen könnten beispielsweise wie folgt aussehen:

Zu 1.: Da es sich um eine Auftragsvergabe handelt, befindet sich der Arbeitgeber ohnehin in der stärkeren Position. Im Endeffekt spart er sogar Geld, da er die fälligen Abfindungen entweder gar nicht oder erst in drei Jahren zahlen muss. Zusätzlich hat die Firma, die den Auftrag übernimmt, auch Vorteile: erfahrene Mitarbeiter erleichtern die Einarbeitung bei der Übernahme der Buchhaltung.

Zu 2.: Natürlich hat der Betriebsrat diesen Vorschlag schon mit den Betroffenen besprochen und deren Zustimmung erhalten. Sonst hätte er diesen Vorschlag gar nicht erst unterstützt.

Zu 3.: Das Geld für die Abfindungen wäre ohnehin jetzt fällig (s. Reaktion zu 1.). Falls es überhaupt gezahlt werden muss, hat der Arbeitgeber im Prinzip einen zinslosen Kredit über drei Jahre.

Zu 4.: Das ist absolut richtig. Das entkräftet aber nicht die Vorteile, die dieser Vorschlag für alle drei betroffenen Seiten bietet.

TIPP

Lesetipp

Als Weiterführung und Ergänzung zu diesem Buch bietet sich die folgende CD-ROM an:

Watzin, Checkliste für die Verhandlungsführung. Verhandlungen in der Betriebsratsarbeit: systematisch vorbereiten – effektiv durchführen, 3. Auflage, Seehausen 2011.

Hier werden Sie anhand von Leitfragen Schritt für Schritt durch die Verhandlungsvorbereitung geführt – mit Blick auf die Inhalte, aber auch in einer wesentlich ausführlicheren Variante durch alle weiteren Aspekte.

4 Rollenverteilung

Überzahlspiel

Betriebsräte haben bei Verhandlungen mit dem Arbeitgeber häufig einen nicht zu unterschätzenden Vorteil: Sie sind rein zahlenmäßig überlegen. So ein Überzahlspiel ist schon allein optisch günstig. Darüber hinaus bietet es aber auch taktische Möglichkeiten, die ein einzelner Verhandlungsteilnehmer nicht hat. Allerdings wird diese Chance oft verspielt, weil in der Verhandlung dann doch jeder teilnehmende Betriebsrat irgendwie für alles zuständig ist, oder weil ohnehin nur der Vorsitzende spricht und der Rest des Gremiums sich vornehm zurückhält.

Das Geheimnis eines klugen Überzahlspiels liegt in der Verteilung bestimmter Funktionen auf verschiedene Personen. Auf diese Weise hat jeder den Kopf frei, um sich auf eine bestimmte Aufgabe zu konzentrieren ohne immer überlegen zu müssen, was er als nächstes sagt oder antwortet. Schließlich sind in aller Regel selbst erfahrene Betriebsratsvorsitzende überfordert, wenn sie gleichzeitig

- spontan auf den Redebeitrag der Gegenseite reagieren sollen,
- im Auge behalten sollen, welche der vorbereiteten Argumente (und wann) in der Verhandlung noch platziert werden müssen,
- den Gesprächsverlauf im Griff behalten sollen,
- so gut und konzentriert zuhören sollen, dass sie auch versteckte oder aus Versehen ausgeplauderte Angebote der Gegenseite schnell erkennen,
- rechtzeitig bemerken sollen, wenn Missverständnisse auftauchen, die Emotionen nach oben gehen oder taktische Spielchen der Gegenseite laufen.

Erschwerend kommt hinzu, dass bestimmte Aufgaben innerhalb einer Verhandlung sinnvollerweise gar nicht von einer einzigen Person wahrgenommen werden können. So wird jemand, der vorher eher provokant und kontrovers zur Sache geredet hat, später besser nicht entscheidende Kompromissangebote formulieren. Es besteht sonst die Gefahr, dass der Vorschlag abgelehnt wird, „weil er von dem kommt – und der hat uns vorhin wirklich geärgert!"

4.1 Besondere Aufgaben innerhalb der Verhandlung

Rollenverteilung

Ein wichtiger Teil der Verhandlungsstrategie auf Betriebsratsseite ist also die Absprache von Rollen, mit denen jeweils ganz bestimmte Aufgaben verbunden sind. Jeder teilnehmende Betriebsrat sollte sich auf eine ganz bestimmte und eng umgrenzte Aufgabe konzentrieren können. Das setzt ein gutes Team, gute Absprachen und gegenseitiges Vertrauen voraus. Dies erleichtert eine erfolgreiche Verhandlungsführung ungemein.

Nicht jeder Betriebsrat kommt dabei für jede Rolle in Frage. So wird ein ruhiger und zurückhaltender Mensch vermutlich nicht gerade die Idealbesetzung für den Verhandlungsführer sein. Umgekehrt wird jemand, der gerne und schnell an die Decke geht, auch keinen guten „Good-Guy" oder Moderator abgeben. Gleiches gilt für jemanden, der mit dem Arbeitgebervertreter persönlich nicht klar kommt.

Die folgende Beschreibung möglicher Rollen enthält daher auch Tipps, nach welchen Kriterien Sie Ihre Rollenverteilung im Gremium vornehmen sollten. Es sind einige klassische Rollen beschrieben und vor allem die dazu gehörigen Aufgaben umrissen. Natürlich können Sie im Alltag zusätzlich andere Rollen definieren. Genauso müssen nicht alle beschriebenen Rollen immer verteilt werden. Einige Rollen lassen sich gut in einer Person zusammenführen – vor allem, da Sie vielleicht gar nicht immer so viele Personen zur Verfügung haben. So sind beispielsweise der Good-Guy, der gute Zuhörer und der Moderator in Ihrer Aufgabe nicht so weit auseinander, und könnten im Bedarfsfall von einer Person abgedeckt werden. Eine weitere Möglichkeit wäre es, den Schriftführer auch die Rolle des guten Zuhörers zu übertragen. Und in vielen Fällen wird der Verhandlungsführer (häufig der Betriebsratsvorsitzende) auch die Moderatorenrolle mit übernehmen.

4.2 Der Gesprächsleiter oder Moderator

Einhaltung der Spielregeln

Der Gesprächsleiter oder Moderator kann, muss aber nicht der Betriebsratsvorsitzende sein. Manchmal, gerade wenn der Vorsitzende inhaltlich besonders kompetent ist, ist es sogar sinnvoll, gerade diese Rolle anderweitig zu vergeben, denn der Gesprächsleiter hat mit den diskutierten Inhalten wenig bis gar nichts zu tun. Seine Funktionen sind vielmehr:

- die Begrüßung und Einleitung zu sprechen,
- für eine positive Gesprächsatmosphäre zu sorgen,

- auf einen geordneten Ablauf und die Einhaltung der vereinbarten Spielregeln zu achten und
- bei Störungen im Ablauf steuernd einzugreifen.

Seine Rolle kommt der eines *neutralen* Moderators am nächsten. Um diese Neutralität durchzuhalten, darf sich der Gesprächsleiter inhaltlich nicht zu sehr positionieren. Klassische Gründe, im Gespräch Spielregeln anzumahnen, sind: gegenseitiges Unterbrechen, Dauerreden, Abweichungen vom Thema, steigende Emotionen, Einsatz unfairer Mittel, persönliche Angriffe etc. Je nachdem, welche Situation herrscht, gibt es auch verschiedene Möglichkeiten hier einzugreifen, so ist der Moderator für die frühen Eskalationsstufen zuständig, der Bad-Guy im Zweifelsfall für die härteren Mittel zur Gegenwehr.

4.3 Der Verhandlungsführer

Eigene Inhalte im Blick

In der Regel wird dies der oder die Vorsitzende des Betriebsrats sein. Die Hauptaufgabe liegt darin, den Roten Faden der Verhandlungsführung auf der Betriebsratsseite im Griff zu behalten.

MERKE

Aufgaben des Verhandlungsführers

Der Verhandlungsführer hat die Aufgaben

- Strategie und Taktik auf die jeweilige Situation auszurichten,
- Fragen zu stellen, um der Gegenseite bestimmte Informationen oder Aussagen entlocken zu können,
- die eigenen Vorschläge vorzubringen und (in Abstimmung mit den Experten, siehe Kapitel 2 Abschnitt 4.7) dafür Gründe darzulegen,
- den Diskussionsverlauf zusammenzufassen und Zwischenergebnisse festzuhalten,
- Auszeiten oder Vertagungen zu beantragen, wann immer dies der eigenen Position dient,
- am Ende die Ergebnisse festzuhalten, sich daraus ergebende Arbeitsaufträge zusammenzufassen und weitere Konsequenzen aufzuzeigen.

Je nachdem, ob zusätzlich noch ein Moderator vorhanden ist, wären dessen Aufgaben hier noch zu ergänzen. Wie der Name Verhandlungsführer bereits sagt: Er gibt die Richtung vor und bei ihm laufen alle Fäden auf der Betriebsratsseite zusammen. Es ist daher durchaus empfehlenswert, die erfahrensten Betriebsratsmitglieder mit dieser Rolle zu betrauen.

4.4 Der Good-Guy

Für die positiven Emotionen

Zunächst das, was der Good-Guy nicht soll: Er sollte alles vermeiden, was zu negativen Emotionen ihm gegenüber führen könnte. Er wird schließlich gerade immer dann gebraucht, wenn es darum geht, die andere Seite „im Guten" zu überzeugen: von Alternativen oder Kompromissen.

MERKE

Aufgaben des Good-Guys

- Der Good-Guy stellt der Gegenseite dar, welche Vorteile die Vorschläge des Betriebsrats auch dem Arbeitgeber bieten würden.
- Der Good-Guy stellt Alternativen und Kompromisse aus der Sicht des Arbeitgebers vor.
- Der Good-Guy stellt dar, in welchen Fragen der Arbeitgeber bereits Entgegenkommen gezeigt hat – und wo dies umgekehrt der Betriebsrat getan hat.

Er ist im Zweifelsfall für die Nutzen-Argumentation zuständig, nicht für das Widerlegen der gegnerischen Argumente. Er sollte gut zuhören ohne immer gleich die Frage im Hinterkopf zu haben, wie man auf das Gesagte reagieren sollte. Nur so lassen sich auch kleine versteckte Zugeständnisse des Arbeitgebers heraushören, die man sonst überhören würde. Im Gegensatz zum Bad-Guy sind beim Good-Guy die Chancen erheblich höher, dass die vorgebrachten Alternativ- und Kompromissvorschläge auch tatsächlich sachlich ernst genommen und akzeptiert werden.

Kurz gefasst: Der Good-Guy ist zuständig für die Verhandlungsphasen mit eher positiven Emotionen. Da diese Rolle mit die Wichtigste ist, sollte Sie mit dem Mitglied des Betriebsrats besetzt werden, das das beste Geschick für eine sachliche und ruhige Verhandlungsführung hat. Zusammengefasst könnte das Motto für diese Rolle lauten: *„Mit dem kann man wenigstens reden."*

4.5 Der Bad-Guy

Der Mann „fürs Grobe"

Die Rolle des Bad-Guy ist scheinbar die leichteste. Schließlich legt der Name schon nahe, dass es darum geht, auch mal auf den Tisch zu hauen, um der anderen Seite deutlich zu machen, wo es lang geht. Und es gibt kaum einen Betriebsrat, in dem sich nicht ein Mitglied findet, das genau dies von Zeit zu Zeit gerne tun würde.

Das Problem mit dem Bad-Guy ist: Der Begriff ist weit verbreitet und dementsprechend häufig in der Literatur zu finden; er ist aber leider ein wenig irreführend. Zwar liegt die Aufgabe des Bad-Guy tatsächlich darin,

- der Gegenseite deutlich zu machen, wo deren Argumentation nicht stimmt oder ihr Vorgehen nicht in Ordnung ist,
- auch rechtliche und andere Machtmittel ins Gespräch zu bringen, wenn gar nichts mehr sachlich voran geht,
- unfaires Vorgehen der Gegenseite als solches zum Thema zu machen,
- im Streitfall den Abbruch einzuleiten.

Seine Funktion ist es also, die Aufgaben zu übernehmen, die der Good-Guy sinnvollerweise nicht übernehmen kann. Das bedeutet jedoch nicht, dass er deshalb immer und für die gesamte Verhandlung den „harten Hund" markiert. Im Gegenteil: Es ist die wahre Kunst eines guten Bad-Guys, sich immer dann zurückzuhalten, wenn das Gespräch in guten Bahnen verläuft oder sachlich gute Lösungsvorschläge im Raum stehen. So gesehen ist die beste Verhandlung die, bei der der Bad-Guy nie in Aktion treten muss.

MERKE

Es gibt beim Einsatz des Bad-Guys zwei klassische Fehler, die immer wieder gemacht werden:

- Zum einen passiert es nicht selten, dass jemand lospoltert, ohne dass es dazu eine Veranlassung gibt. Das schürt Emotionen und erschwert eine gemeinsame Lösungsfindung. Daher gilt: Die beste Verhandlung ist die, bei der gar kein Bad-Guy gebraucht wird.
- Der zweite Fehler ist, dass der Bad-Guy nach einem nützlichen Einsatz nicht rechtzeitig wieder aufhört bzw. sich erneut ins Gespräch einschaltet. Sobald wieder über Argumente oder sinnvolle Alternativen verhandelt wird, ist es schade, wenn beim ersten sachlichen Widerspruch gleich wieder die Atmosphäre vergiftet wird.

Abstimmung mit dem Verhandlungsführer

Sinnvollerweise ist diese Rolle mit einem eher emotionalen Mitglied aus dem Betriebsrat zu besetzen. Es ist letztlich auch die einzige sinnvolle Rolle für jemanden, der schnell an die Decke geht, wenn nicht alles so läuft wie gedacht. Verhandlungsführer und Bad-Guy sollten jedoch nebeneinander sitzen und auch Blickkontakt halten, um sich kurzfristig absprechen zu können, wann sich ein Eingreifen lohnt und wann es eher schädlich ist.

Und noch ein abschließender Tipp: Die Rolle des Bad-Guys sollte besser kein Mitglied des Betriebsrats übernehmen, das in seiner Rolle als „normaler" Mitarbeiter vom Gesprächsgegner (zum Beispiel seinem unmittelbaren Vorgesetzten) abhängig ist. Schließlich sind die negativen Emotionen mit dem Ende einer Verhandlungsrunde nicht unbedingt wieder verflogen. Die Idealbesetzung ist daher in größeren Gremien zum Beispiel ein freigestelltes Betriebsratsmitglied oder in kleineren Gremien jemand aus einer Abteilung, mit der der Verhandlungsgegner nicht direkt und in der alltäglichen Arbeit zu tun hat.

4.6 Der gute Zuhörer

Zwischen den Zeilen lesen

Die Rolle des guten Zuhörers greift eigentlich nur einen Teilaspekt des Good-Guys besonders heraus. Die Erfahrung lehrt, dass viele engagierte Verhandlungsteilnehmer dazu neigen, kleine Angebote der Gegenseite, die in kleinen Nebensätzen verborgen sind, zu überhören. So wird der Verhandlungsführer in der Aussage *„Darüber brauchen wir gar nicht erst zu reden"* vermutlich Widerstand wittern und sich auf notwendige Argumente einstellen. Jemand, der den Kopf frei hat, um zwischen den Zeilen zu lesen, wird dagegen auch das öffnende Angebot heraushören und die Nachfrage stellen. „Worüber können wir denn reden?"

MERKE

Aufgaben des guten Zuhörers

- Der gute Zuhörer hat konzentriert zuzuhören, damit auch die Aussagen in den Nebensätzen nicht überhört werden und verloren gehen.
- Der Gute Zuhörer hat immer dann einzugreifen, wenn der Verhandlungsführer oder der Bad-Guy zu sehr mit den eigenen Argumenten beschäftigt ist, statt auf – auch unterschwellige – Angebote der Gegenseite einzugehen.

Diese Rolle ist daher ideal für die „ruhigen Bären“ im Betriebsrat, die von sich aus wenig sagen, selten spontan reagieren, aber mit großer Aufmerksamkeit und Konzentration das Gespräch verfolgen.

4.7 Der Experte

Verstärkung bei Sachfragen

Die Expertenrolle kann und soll je nach Themen auf mehrere Köpfe aufgeteilt werden – etwa nach Zugehörigkeit zur entsprechenden Abteilung oder dem damit befassten Ausschuss. Die Rolle des Experten bietet zwei entscheidende Vorteile: Zum einen werden Sachargumente einer Person, die speziell mit einem Thema vertraut ist, eher ernst genommen. Zum anderen kann sich der Experte ganz auf die inhaltlichen Fragen konzentrieren, ohne gleichermaßen auf einen geordneten Gesprächsablauf achten zu müssen. Zusätzlich bietet diese Rolle die Chance, auch Betriebsratsmitglieder, die nicht so stark in Erscheinung treten, mit einzubeziehen. Dies stärkt das Gruppengefühl des Betriebsrats nach innen und außen. Die Aufgaben sind sehr kurz gefasst.

MERKE

Aufgaben des Experten

- Der Experte hat die Vorschläge, die sich aus seinem Thema ergeben, vorzustellen und vor allem zu begründen.
- Er hat auf alle inhaltlichen Fragen zu seinem Thema zu reagieren.

Als Fachexperten im hier geschilderten Sinn lassen sich unter anderem die Schwerbehindertenvertretung sowie die Jugend- und Auszubildendenvertretung mit einbeziehen.

4.8 Der Schriftführer

Das Protokoll zur Unterstützung der eigenen Position

Bleibt noch die eher formale Rolle des Schriftführers oder Protokollanten. Auch diese Aufgabe eignet sich besonders für die eher ruhigen und zurückhaltenden Mitglieder des Betriebsrats. Sie lässt sich ganz gut mit der des guten Zuhörers verbinden.

Prinzipiell braucht es bei Verhandlungen zwischen Betriebsrat und Arbeitgeber kein Verlaufsprotokoll, bei dem alle Äußerungen zumindest zusammengefasst wiedergegeben werden. In der Regel reichen kurze Protokollnotizen oder ein reines Ergebnisprotokoll. Die engste Auslegung dieser Rolle umfasst daher nur die Aufgabe, am Ende eines Tagesordnungspunktes das zu Papier zu bringen, was ihm der Verhandlungsführer in die Feder diktiert. Erfahrene Betriebsratsteams nutzen den Schriftführer aber auch für eine aktivere Rolle.

MERKE

Aufgaben des Schriftführers

- Der Schriftführer versucht, schon im Verlauf des Gesprächs vage Aussagen des Arbeitgebers festzuklopfen nach dem Motto: „Kann ich das so im Protokoll festhalten?"
- Der Schriftführer übernimmt das Mitnotieren und später die Zusammenfassung, damit keine Ideen verloren gehen und sich der Verhandlungsführer stärker auf die Argumentation konzentrieren kann.
- Der Schriftführer bestimmt mit über das Timing für Zusammenfassungen und Beschlussfassungen: „Es ist schon länger kein neuer Aspekt mehr gekommen ..."

Eines muss aber klar sein: Eine federführende Rolle kann und soll der Schriftführer im Verhandlungsverlauf nicht spielen. Wer schreibt, hat dafür nicht auch noch ausreichend Zeit und Aufmerksamkeit zur Verfügung. Dagegen ist die Rolle mit Blick auf die Verhandlungsergebnisse nicht zu unterschätzen. Schließlich bestimmt der Schriftführer, was mit welcher Formulierung im Protokoll steht.

4.9 Abschließende Hinweise

Nicht immer nur der Vorsitzende

Die Erfahrungen aus der Praxis lehren, dass die hier beschriebene Art der Verhandlungsführung sehr effektiv ist. Sie ist vor allem dem noch immer von vielen Betriebsräten praktizierten Vorgehen überlegen, im Zweifelsfall den oder die Vorsitzende alleine reden zu lassen. Sie ist aber auch anspruchsvoller, weil sie allen Betriebsratsmitgliedern ein erhebliches Maß an Disziplin abverlangt.

TIPP

Tipps für die Verteilung von Rollen

- Verteilen Sie nicht zu viele Rollen auf einmal. Starten Sie mit der Verteilung von zwei oder drei Rollen: Zum Beispiel Verhandlungsführer, Bad-Guy und Moderator. Wenn Sie sich „eingespielt" haben, nehmen Sie die weiteren Rollen Schritt für Schritt mit dazu.
- Achten Sie gerade bei den ersten Rollenverteilungen darauf, dass die entsprechenden Aufgaben auch zur jeweiligen Person passen. Nicht jedes Betriebsratsmitglied ist gleichermaßen für alle Aufgaben geeignet.
- Verbinden Sie die ersten Rollenverteilungen mit einer intensiven inhaltlichen Vorbereitung. Nichts ist ärgerlicher, als wenn sich einzelne Betriebsratsmitglieder gegenseitig in den Rücken fallen, weil die Ziele und vor allem die Mindestforderung nicht klar genug abgesprochen sind.
- Der Rote Faden sollte zunächst immer beim Verhandlungsführer liegen. So muss der gute Zuhörer nicht unbedingt selbst das Wort ergreifen, er kann seine Beobachtungen ja auch dem Verhandlungsführer zustecken. Dieser entscheidet dann über das weitere Vorgehen.
- Planen Sie immer wieder Auszeiten während der Verhandlung ein, um sich absprechen zu können. Kündigen Sie das dem Arbeitgeber gegenüber auch ruhig an, um ihn nicht zu überraschen.
- Gerade bei der Einführung dieser Strategie gilt: Nehmen Sie sich die Zeit für eine saubere Nachbereitung Ihrer Verhandlungen. Reden Sie dabei nicht nur über inhaltliche Erfolge oder Misserfolge, sondern gerade auch über Ihr Vorgehen, Ihre Zufriedenheit mit der Zusammenarbeit im Team, über aufgetretene Probleme oder Missverständnisse und vor allem über mögliche Konsequenzen für weitere anstehende Verhandlungsrunden.

5 Schwierige Verhandlungspartner und ihre Verhandlungsstile

Typen von Gesprächspartnern

Jeder Mensch ist anders. Das ist auch gut so, ansonsten wäre das Zusammenleben doch mehr als langweilig. Für unsere Verhandlungen bedeutet dies allerdings, dass wir nie wirklich wissen können, was auf uns zukommt. Erfolg hat, wer sich flexibel nicht nur auf unterschiedliche Gesprächssituationen, sondern auch auf unterschiedliche Gesprächspartner und deren jeweilige Verhandlungsstile einstellen kann. Dies fällt in der Regel leichter, wenn man die wichtigsten „Typen“ kennt und Möglichkeiten, mit ihnen umzugehen, verinnerlicht hat. In einem vorletzten Schritt der Verhandlungsvorbereitung sollten Sie daher überlegen, mit wem Sie es konkret zu tun bekommen werden und wie diese Person am besten zu nehmen ist.

Einfache und schwierige Verhandlungspartner

Natürlich gibt es in diesem Zusammenhang Verhandlungspartner, mit denen das Verhandeln produktiv und angenehm ist. Das sind diejenigen,

- die tatsächlich an einer guten Sachlösung interessiert sind,
- die Argumenten gegenüber aufgeschlossen sind und
- die im Zweifelsfall offen sagen, was sie denken oder was sie stört.

Wenn Sie auf der Seite des Arbeitgebers einen Ansprechpartner haben, der diese Kriterien erfüllt, gibt es nur ein sinnvolles Vorgehen: Beziehen Sie diese Verhandlungspartner intensiv in das Gespräch ein. Versuchen Sie gerade wenn Sie Vorschläge, Kompromisse oder Angebote unterbreiten, genau diese Person als Ansprechpartner zu bekommen. Die Chance, nicht sofort eine Blockade als Gegenreaktion zu erhalten, ist groß.

Es gibt aber auch Verhandlungspartner, die sind schwierig. Und zwar schwierig in dem Sinne, dass sie bei uns aufgrund ihres konkreten Verhaltens innerhalb der Verhandlung Aggressionen auslösen und am Sinn des weiteren Verhandelns zweifeln lassen. Jeder Mensch hat dabei bestimmte Typen, mit denen er besser zurecht kommt. Jeder Mensch hat aber auch Typen, die wie ein rotes Tuch auf ihn wirken.

5.1 Eine Verhandlung ist keine Psychotherapie

Verhandlungsstile und ihre Auswirkungen

Geschickte Verhandlungsführer nehmen ihren Verhandlungspartner wie er ist. Schließlich ist eine Verhandlung keine Psychotherapie, bei der wir die Persönlichkeit unseres Gesprächspartners verändern könnten. Um den besonderen Stil unseres Gegenübers einschätzen zu können, sind langjährige Erfahrungen mit der entsprechenden Person natürlich sehr hilfreich. Aber auch am konkreten Verhalten innerhalb einer Verhandlungsrunde lässt sich recht gut und schnell erkennen, mit was für einem Typ Verhandlungsführer Sie es zu tun haben. Und wenn Sie jetzt noch wissen, wie mit diesem Stil sinnvoll umzugehen ist, wird es Ihnen gelingen, die störende Wirkung schwieriger Verhandlungspartner auf den Ablauf und die Ergebnisse der Verhandlung möglichst gering zu halten.

Sie finden im Folgenden eine Übersicht über verschiedene Verhandlungsstile, die im Alltag leider recht häufig auftreten. Dass nicht alle Menschen genau einem Typ zuzuordnen sind, sondern häufig Mischtypen aus zwei oder maximal drei Typen auftreten, ist eigentlich selbstverständlich. Alle Stile sind kurz (und auch ein wenig überspitzt) beschrieben, damit Sie sie schnell erkennen können. Zu allen dargestellten Typen erhalten Sie Tipps, wie Sie mit ihnen als Gegenüber bei Verhandlungen am sinnvollsten umgehen.

Hierzu finden Sie übrigens im Anhang auch eine darauf aufbauende Checkliste zum Umgang mit schwierigen Verhandlungspartnern. Sie kann Ihnen zur Vorbereitung auf einzelne anstehende Verhandlungen dienen. Sie können sie aber ebenso nutzen, um sich selbst eine Art Kartei über die Verhandlungspartner anzulegen, mit denen Sie häufiger zu tun haben.

5.2 Leitfragen zur Einschätzung der Verhandlungspartner

Die Leitfragen für diesen vorletzten Schritt, bevor die Verhandlung richtig losgehen kann, lauten:

- Was für ein Typ Mensch ist Ihr Gegenüber? Wie ist er in seiner Rolle als Verhandlungsführer?
- Mit welchen Eigenheiten und taktischen Spielchen können Sie von seiner Seite rechnen?
- Auf was davon wollen Sie sich diesmal besonders vorbereiten?
- Welche Möglichkeiten bieten sich, um darauf zu reagieren und welche Folgen könnte dies für den Gesprächsverlauf haben?
- Dient dieses Vorgehen der Durchsetzung Ihrer inhaltlichen Ziele?

TIPP

Lesetipp

Natürlich sind schon häufig bestimmte Typen von Verhandlungsführern (oder allgemeiner: von Gesprächsteilnehmern) in der Literatur beschrieben worden. Dabei tauchen immer wieder ähnliche Typen auf, einige andere werden jeweils anders ergänzt. Es ist also kaum noch zu rekonstruieren, wer eigentlich bei wem abgeschrieben hat. Stellvertretend seien daher an dieser Stelle nur zwei Bücher genannt. Auf das erste gehen vermutlich die meisten Typologien ursprünglich zurück:

Kelber, Gesprächsführung. Informieren, Diskutieren, Beschließen, 12. Auflage, Wiesbaden 1977.

Ansonsten lohnt sich auch immer wieder ein Blick in die beliebtesten Bücher der Gegenseite. Eine weitere gute Zusammenstellung von Typen, der auch die eine oder andere der folgenden Ideen entnommen wurde, enthält die im VNR-Verlag für die deutsche Wirtschaft erschienene Loseblattsammlung:

Hansen (Hrsg.), Erfolgreich überzeugen und präsentieren, Bonn 1997.

5.3 Typen und wie sich mit ihnen umgehen lässt

Damit Sie sich zielführend und systematisch auf Ihre Verhandlungspartner einstellen können, ist es sinnvoll, die wichtigsten Typen zu kennen. Sie finden daher im Folgenden zehn Klassiker an Verhandlungsstilen beschrieben. Ergänzt sind jeweils sinnvolle Reaktionsmöglichkeiten, die Ihnen den Umgang mit ihnen erleichtern.

Typ 1: Der Ankläger

Nicht mit den selben Waffen

Mit dem Ankläger ist nicht gut Kirschen essen. Killerphrasen, persönliche Angriffe, bewusste Falschinformationen sind bei ihm übliche Mittel, um die Gegenseite aus dem Konzept zu bringen. Lautstärke zählt als Überzeugungsmittel mehr als inhaltliche Schlüssigkeit. Der Ankläger diskutiert rechthaberisch und unbeherrscht und redet so lange, bis er schließlich Recht bekommt.

Wenn Sie mit mehreren Vertretern auf der Arbeitgeberseite zu tun haben, muss das erste Ziel innerhalb der Verhandlung sein, nicht die gesamte Gruppe von den aufkommenden Aggressionen anstecken zu lassen.

Wenn das nicht funktionieren sollte, ist es wichtig, die Mehrheit der Anwesenden auf die eigene Seite zu ziehen. Hier bieten sich die folgenden Vorgehensweisen an.

TIPP

Tipps für den Umgang mit einem Ankläger

- Bleiben Sie ruhig und sachlich. Sie können diesen Typen nicht mit seinen eigenen Waffen schlagen – vor allem, da er häufig am längeren Hebel sitzt.
- Vermeiden Sie daher in größeren Verhandlungsrunden direkte Streitgespräche. Sie bieten ihm dadurch nur eine Bühne zur Selbstdarstellung. Versuchen Sie stattdessen potentielle Bündnispartner ins Gespräch zu bringen, um eine Mehrheit auf Ihre Seite zu ziehen.
- Für Face-to-face-Verhandlungen: Da Killerphrasen und persönliche Angriffe hier typisch sind, bieten sich natürlich alle hier sinnvollen Gegenmittel an: Offene Rückfragen zur Konkretisierung, Einfordern konkreter Gegenvorschläge etc. (siehe auch Kapitel 3 Abschnitt 5.2).

Typ 2: Der Besserwisser

Bestätigung als Hilfsmittel

Der Name sagt alles. Der Besserwisser behandelt die anderen von oben herab: Arrogant, rechthaberisch und ohne echtes Interesse an den Ansichten seiner Gesprächspartner. Er schaltet sich gerne ungefragt ein und unterbricht andere Gesprächsteilnehmer. Verhandlungen sind für ihn eine Bühne, um die eigene Überlegenheit zu demonstrieren. Gerade hierarchisch Höhergestellte stellen sich in Verhandlungen häufig so dar.

Dieser Typ Mensch braucht die Bestätigung durch andere. Er wird sich vor allem dann in die Ergebnisfindung einbinden lassen, wenn er das Gefühl hat, einen wichtigen oder entscheidenden Beitrag dazu geleistet zu haben – und dass dies von den anderen Beteiligten auch so gesehen wird.

TIPP

Tipps für den Umgang mit einem Besserwisser

- Versuchen Sie in einem ersten Schritt, die Redebeiträge zu ignorieren und machen Sie es ihm schwer, sich in die Diskussion einzuschalten.
- Appellieren Sie an die vereinbarten Spielregeln für den Gesprächsverlauf, falls sich die Unterbrechungen häufen. Sinnvollerweise sollte das allerdings nicht der Verhandlungsführer auf der Betriebsratsseite tun, damit später persönliche Differenzen nicht auf die Inhalte Einfluss nehmen.

- Auch wenn es schwer fällt: Gerade wenn es zur Ergebnisfindung kommt, dann sollten Sie einen Besserwisser auch für seine Beiträge loben. Je stärker er das Gefühl bekommt, die Entscheidung sei „auf seinem Mist gewachsen", umso leichter wird er die getroffenen Vereinbarungen auch akzeptieren.

Typ 3: Der Redselige

Bestätigend unterbrechen

Manche Menschen sind einfach nicht zu bremsen. Sobald sie einmal das Wort haben, reden sie ohne Punkt und Komma – zur Sache oder nicht. Das kann Verhandlungstaktik sein – beispielsweise um später Zeitnot zu schaffen – es kann aber auch „angeboren" sein. Denn es gibt Menschen, für die buchstäblich gilt: Sie denken dann am besten, wenn sie sich selbst reden hören.

Dass Sie es diesen Typen nicht auch noch leicht machen sollten, sich ins Gespräch einzuschalten, ist logisch (außer Sie erhoffen sich bestimmte Informationen). Die Frage, ob offene oder geschlossene Fragen besser sind, erübrigt sich: Fragen Sie in diesem Fall am besten gar nicht. Und wenn der Redselige dann doch das Wort hat und Sie ihn unterbrechen wollen – irgendwann müssen Sie es schließlich tun – gelten drei wichtige Dinge.

TIPP

Tipps für den Umgang mit einem Redseligen

- Unterbrechen Sie bestätigend. Das bedeutet: Signalisieren Sie, dass das Gesagte auch angekommen ist *(„Hier haben wir einen wichtigen neuen Aspekt. Ich denke es lohnt sich, dazu erst weitere Wortbeiträge zu hören ...")*.
- Brechen Sie, sobald Sie das Wort haben, den Blickkontakt zum Redseligen ab. Hier wird im Alltag oft der entscheidende Fehler begangen. Denn der Blickkontakt vom Redenden wird als Aufforderung zu einer Antwort gedeutet.
- Nehmen Sie noch während Sie das Wort haben, Blickkontakt zu anderen auf, die vermutlich etwas sagen wollen. Das kann ein anderer Vertreter der Arbeitgeberseite aber auch gut jemand aus den eigenen Reihen sein.

Typ 4: Der Schüchtern-Zurückhaltende

Blickkontakt und offene Fragen

Natürlich müssen die Redezeiten in einer Verhandlung nicht absolut gleich auf alle Anwesenden verteilt sein. Menschen, von denen wenig zu hören ist, sind meist diejenigen, die eher unsicher oder in sich gekehrt sind. Solche Verhandlungsteilnehmer sind nützlich, wenn Sie sehr genau wissen, was Sie wollen, weil Sie mit solchen Verhandlungsteilnehmern schnell zu für Sie günstigen Ergebnissen kommen können. Es ist jedoch ärgerlich, wenn Sie diese Menschen eigentlich als Bündnispartner bräuchten oder auf deren Ideen und Anregungen angewiesen sind.

TIPP

Tipps für den Umgang mit einem Schüchtern-Zurückhaltenden

- Versuchen Sie, auch Schüchterne ins Gespräch zu bringen – durch offene Fragen an die Runde (Blickkontakt!) oder durch direktes Ansprechen. Vermeiden Sie es aber, sie zu überraschen oder zu Themen zu befragen, zu denen sie kaum etwas wissen können. Sie schließen sie sonst endgültig aus der Gruppe aus.
- Sprechen Sie ihn als Experten an und fragen Sie ihn nach seinen konkreten Erfahrungen auf den Gebieten, auf denen er sich gut auskennt.
- Signalisieren Sie Anerkennung für seine Beiträge und stärken Sie sein Selbstvertrauen. Gerade bei Verhandlungen, bei denen regelmäßig dieselben Teilnehmer am Tisch sitzen, können Sie mittelfristig eine bessere Einbindung erreichen.

Typ 5: Der Uninteressiert-Lustlose

Interesse signalisieren

Auch der Uninteressiert-Lustlose beteiligt sich wenig am Verhandlungsverlauf. Nur ist hier der Grund ein anderer: Es interessiert ihn schlicht nicht. Typischerweise ist er schlecht vorbereitet, führt Seitengespräche und stellt gerade bei Abstimmungen seine Gleichgültigkeit offen zur Schau. Bei vielen Verhandlungen sind dies Personen, die gegen ihren Willen an der Verhandlung teilnehmen. Zwischen Betriebsrat und Arbeitgeber ist allerdings der Fall viel häufiger der, dass der Arbeitgeber damit demonstrieren will, dass ihm die Ideen und Vorschläge des Betriebsrats völlig egal sind. Was die Reaktion angeht, spielt es dabei überhaupt keine Rolle, ob das Desinteresse nur gespielt oder tatsächlich vorhanden ist.

Auch bei diesem Typ gilt mit Blick auf Verhandlungsdelegationen: Solange er den Verlauf nicht stört und Sie ihn nicht brauchen, solange müssen Sie sich auch nicht um ihn kümmern. Zum Problem wird er allerdings immer dann, wenn Sie seine Zustimmung oder Mitarbeit benötigen.

TIPP

Tipps für den Umgang mit einem Uninteressiert-Lustlosen

- Wenn sich das Desinteresse durch Schweigen ausdrückt, dann schweigen Sie auch. Schweigen ist häufig die effektivste Methode, um Menschen zum Sprechen zu bewegen. Sprechen Sie das aber vorher ab, damit auf Ihrer Seite niemand aus der Reihe tanzt.
- Verstärken Sie die Wirkung der Schweigetechnik, indem Sie sie mit Fragen verbinden. Am wirkungsvollsten sind Fragen zu Themengebieten aus seinem Alltag, seiner Zuständigkeit oder zu besonderen Interessen.
- Signalisieren Sie Interesse an seinen Beiträgen.
- Falls dies nicht hilft, bleibt Ihnen immer noch die Möglichkeit einer Ergebniszusammenfassung, bei der Nichtaktivität Zustimmung bedeutet *(„Sofern es keine weiteren Wortmeldungen gibt, kann ich also davon ausgehen, dass wir folgende Ergebnisse festhalten ...“)*. Achten Sie darauf, die Ergebnisse **schriftlich** festzuhalten, um späteren Schwierigkeiten und Diskussionen vorzubeugen.

Typ 6: Der Blockierer

Gründe hinterfragen

Dem Blockierer können Sie nichts Recht machen. Er findet in jeder Suppe ein Haar und widerspricht daher allem und jedem. Eigene Vorschläge sind dagegen selbst bei direkter Nachfrage rar. Dieser Typ ist vor allem bei Face-to-face-Verhandlungen störend und wenn Sie in größeren Runden auf einstimmige Ergebnisse angewiesen sind.

Denken Sie bei diesen Typen daran (und auch wenn das schwer fällt): Ablehnung muss nichts Negatives sein. Schließlich sind Einwände auch eine Chance, die eigene Argumentation zu schärfen und ein offen ausgesprochener – und damit widerlegbarer – Einwand ist besser als still gehegte Vorurteile. Sehr wichtig ist in diesem Zusammenhang die Unterscheidung von Einwänden (deren Behandlung sich lohnt) und Vorwänden (deren Widerlegung nichts bringt).

TIPP

Tipps für den Umgang mit einem Blockierer

- Erkennen Sie die Kenntnisse und Erfahrungen Ihres Gegenübers an. Lassen Sie sich Einwände näher erläutern, damit Sie wissen, wo noch Argumentationsbedarf besteht.
- Unterscheiden Sie Einwände und Vorwände, indem Sie zunächst fragen: *„Wenn wir dieses Problem lösen können, kann ich dann mit Ihrer Zustimmung rechnen?“* Wenn ja, dann lohnt sich eine Entgegnung. Wenn nein, fragen Sie erst einmal weiter, bis Sie den eigentlichen Grund der Ablehnung kennen.
- Gehen Sie anschließend sachlich auf die vorgebrachten Punkte ein und fragen Sie gegebenenfalls nach weiteren Anmerkungen.

Typ 7: Der Engstirnig-Konservative

Geduld und Rückendeckung

Der Engstirnig-Konservative blockiert gerne die Verhandlungsergebnisse. Hintergrund dafür ist die Angst vor allen Veränderungen, vor allem Neuen und vor jeder Abkehr von Bewährtem und Gewohntem. Im Verhandlungsverlauf zeigt sich diese Einstellung vor allem durch Desinteresse, stures Beharren auf der eigenen Position und Querschüsse auf alle Vorschläge. Viele Redebeiträge finden in Form von Killerphrasen statt: *„Das haben wir ja noch nie so gemacht.“*

Letztlich ist es vor allem eine tief sitzende Unsicherheit, die diese Blockadehaltung auslöst. Diese Menschen brauchen daher keine schnellen Lösungen, sie brauchen Zeit. Sie wollen nicht überredet, sondern langsam überzeugt werden.

TIPP

Tipps für den Umgang mit einem Engstirnig-Konservativen

- Seien Sie geduldig. Fragen Sie ernsthaft nach, warum er so auf seinem Standpunkt beharrt.
- Greifen Sie auf seine konkreten Erfahrungen zurück und zeigen Sie auf, wo Ihr Vorschlag auf genau diesen Erfahrungen beruht und daran anknüpft.
- Machen Sie deutlich, warum Ihr Vorschlag nicht nur anders, sondern besser ist.

Bieten Sie Rückendeckung bei der Realisierung. Schließlich ist der Auslöser für die Ablehnung oft die Angst, dass etwas schief geht und die Verantwortung dann auf die eigene Person abgeschoben wird.

Typ 8: Das „Fähnchen im Wind“

Konkrete Vereinbarungen und Kontrolle

Auch beim „Fähnchen im Wind“ ist der Name Programm: Dieser Typ kennt keine eigene Meinung. Er schließt sich der Mehrheit an und stimmt im Zweifelsfall mit den hierarchisch höher Stehenden. Im direkten Gespräch ist er scheinbar unentschlossen, abwartend und leicht beeinflussbar. Das Problem ist in diesem Fall nicht, Entscheidungen zu bekommen. Das Problem ist hier vielmehr, dass diese Entscheidungen später nicht umgesetzt werden. Als Arbeitgebervertreter scheut dieser Typ die direkte Konfrontation innerhalb der Verhandlung. Er knickt aber später ein, wenn er die Ergebnisse bei seinem Vorgesetzten oder im Vorstand rechtfertigen muss. Häufig scheuen solche Menschen alle konkreten Festlegungen und treffen Vereinbarungen lieber so vage wie möglich.

Ihr Ziel muss es daher in diesem Fall sein, möglichst konkrete und möglichst gut dokumentierte Ergebnisse zu bekommen.

TIPP

Tipps für den Umgang mit einem „Fähnchen im Wind“

- Gehen Sie auf keinen Fall (noch weniger als sonst!) allein zu Verhandlungen oder Besprechungen. Eine zweite Person dient in diesem Fall vor allem als Zeuge.
- Achten Sie darauf, alle Ergebnisse schriftlich zu dokumentieren. Machen Sie das Protokoll oder die Protokollnotiz am besten selbst, auch wenn es mehr Arbeit macht, und reichen sie diese an die Gegenseite.
- Vereinbaren Sie, dass Sie die Inhalte des Protokolls als gemeinsames Ergebnis betrachten, wenn die andere Seite sich nicht innerhalb eines bestimmten Zeitraums (im Sinne von ein paar Tagen) meldet.
- Schaffen Sie darüber hinaus Fakten, indem Sie nach Ablauf dieser Frist die Inhalte an alle davon betroffenen Kollegen so weitergeben (Betriebsversammlung, Aushang etc.).

Typ 9: Der Persönlichnehmer

Präzise Aussagen und Kritik zur Sache

Egal was Sie an Kritik vorzubringen haben: Der Persönlichnehmer bezieht alles auf sich. Sachkritik wird als persönlicher Angriff verstanden; ein nicht so intensives Eingehen auf die Vorschläge als Missachtung der Person; ein Einwand als Herabminderung. Menschen dieses Typs fühlen sich schnell verfolgt und gemobbt und sehen im Zweifelsfall überall Feinde.

Was an Aussagen missverstanden werden kann, werden diese Menschen auch missverstehen.

Verhandeln wird in diesem Fall schwierig, weil eine sachliche Überzeugungsarbeit nicht möglich ist. Wer überall Fallen sieht, wird keinen Schritt voran machen.

TIPP

Tipps für den Umgang mit einem Persönlichnehmer

- Achten Sie gerade hier auf präzise, unmissverständliche Aussagen.
- Machen Sie sehr deutlich, dass Ihre Kritik sich auf die Sachvorschläge, nicht auf die Person bezieht. Verbinden Sie Ihre Aussagen in diesem Fall nicht mit der Namensnennung des entsprechenden Teilnehmers (auch wenn dies in anderen Fällen sogar zur Gesprächsatmosphäre beiträgt).
- Betonen Sie immer wieder, wo Sie den Vorschlägen Ihres Gegenübers gefolgt sind, was Sie besonders hilfreich gefunden haben oder wo Sie Ihrem Gegenüber entgegen gekommen sind.

Typ 10: Der Harmonisierer

Als Moderator einbinden

Der Harmonisierer geht allen offenen Konflikten aus dem Weg, weil er sie schlicht nicht erträgt. Sein Ziel ist vor allem anderen: Allen soll es gut gehen, negative Emotionen haben in der Verhandlung nichts verloren und allen soll es recht gemacht werden.

In vielen Situationen ist es hilfreich, solche Teilnehmer dabei zu haben. Oft sind sie die idealen Moderatoren. Schwierig wird es dann, wenn Widerspruch nicht mehr möglich ist, weil der daraus eventuell entstehende Konflikt zu einer „menschlichen Enttäuschung" wird. Eine Verhandlung lebt schließlich auch von unterschiedlichen Interessen.

TIPP

Tipps für den Umgang mit einem Harmonisierer

- Binden Sie den Harmonisierer immer dann ein, wenn es um Fragen der Spielregeln, um eine Beruhigung ansteigender Emotionalität oder um beginnende Blockadehaltungen geht.
- Achten Sie in besonderen Maße auf einen angenehmen äußeren Rahmen.
- Seien Sie in Ihren eigenen Aussagen besonders sachlich und lassen Sie die Personen möglichst aus dem Spiel.

5.4 Tabellarischer Überblick

Zum Schluss dieses Abschnitts folgt nun noch ein tabellarischer Überblick über die verschiedenen Arten der schwierigen Gesprächspartner und die jeweils sinnvollen Reaktionsmöglichkeiten:

Schwierige Gesprächspartner und Reaktionsmöglichkeiten im Überblick

Typ	Zu erkennen an	Tipps zum Umgang
Der Ankläger	Benutzt Killerphrasen, persönliche Angriffe und unfaire Praktiken	Sachlich bleiben und Konkretisierungsfragen stellen
Der Besserwisser	Schaltet sich ungefragt ein und hat kein Interesse an den Meinungen anderer	Loben und Beitrag zum Ergebnis hervorheben
Der Redselige	Redet ohne Punkt und Komma, auch durch geschlossene Fragen nicht zu bremsen	Bestätigend unterbrechen und Blickkontakt abbrechen
Der Schüchtern-Zurückhaltende	Schweigt aus Unsicherheit	Als Experten direkt ansprechen und Beiträge loben
Der Uninteressiert-Lustlose	Schweigt aus Desinteresse, fehlende Vorbereitung, Seitengespräche	Schweige- und Fragetechnik, konkrete Entscheidungsvorschläge machen
Der Blockierer	Nein aus Prinzip	Vorwände aufdecken, Einwände behandeln, Mehrheiten sichern
Der Engstirnig-Konservative	*„Das haben wir noch nie so gemacht!“*	Nachfragen, an Erfahrungen anknüpfen, Rückendeckung geben
Das „Fähnchen im Wind“	Immer auf der Seite der Mehrheit oder der hierarchisch Höhergestellten	Ergebnisse schriftlich festhalten, Fakten schaffen
Der Persönlichnehmer	Kritik wird als persönlicher Angriff empfunden	Sachkritik als solche kennzeichnen, Missverständnisse richtig stellen
Der Harmonisierer	Gute Stimmung über alles	Als Moderator einbinden, auf Sachlichkeit achten

6 Der äußere Rahmen

Orts- und Zeitwahl

Nachdem die Inhalte und das konkrete Vorgehen geplant sind (soweit dies planbar ist), bleibt abschließend die Frage nach den äußeren Rahmenbedingungen, unter denen die Verhandlung stattfinden soll. Aus der Sicht der Verhandlungspsychologie gilt hier: Je angenehmer die Atmosphäre, desto größer die Chance eines Entgegenkommens. Ein Sich-unwohl-fühlen dagegen hat häufig zur Folge, dass Verhandlungsteilnehmer allen Aussagen gegenüber erst einmal misstrauisch sind und im Zweifelsfall das Negative heraushören. Daher kommt es unter ungünstigen äußeren Rahmenbedingungen auch eher zu einer manchmal nicht erklärbaren Blockadehaltung.

Nicht immer hat der Betriebsrat freie Hand, was die Wahl des Ortes oder der Zeit angeht. Die Sitzordnung bei der Verhandlung wird oft durch die Raumaufteilung vorherbestimmt. Auch die Regelungen, was beispielsweise die Benutzung von Handys bei Besprechungen betrifft, sind von Firma zu Firma sehr unterschiedlich. Daher lassen sich nicht alle äußeren Faktoren bestimmen bzw. Störungen ausschließen. Wann immer Sie jedoch Einfluss auf den äußeren Rahmen nehmen können, sollten Sie diesen nutzen, um eine gute Atmosphäre in der Verhandlung zu unterstützen.

Einige Leitfragen werden Sie dabei unterstützen:

1. Wie ist der Zeitpunkt gewählt? Gibt es nach hinten Luft oder besteht die Gefahr äußeren Termindrucks?

Der richtige Zeitpunkt

Prinzipiell gilt: Am Vormittag sind die meisten Menschen konzentrierter. Montag Morgen sowie Freitag Nachmittag sind dagegen keine guten Zeiten für anstrengende Verhandlungen. Falls Sie nicht schon in der Einladung eine „Endzeit“ festgelegt haben, dann sollten Sie das zu Beginn der Verhandlung tun. Eventuell können Sie sogar für einzelne Besprechungspunkte zeitliche „Meilensteine“ festlegen. Das erleichtert nicht nur die Planung des Gesprächs, sondern führt häufig auch zu einer schnelleren Einigung, da lange Diskussionen mit den immer gleichen Argumenten dadurch abgekürzt werden. Falls Sie Ihre Absprachen einmal nicht einhalten können, dann spricht nichts dagegen, sich gemeinsam auf eine neue Endzeit zu einigen. Ganz nebenbei bietet dieses Vorgehen auch Schutz gegen eine verbreitete Taktik: Erst über Nebensächlichkeiten ausführlich reden und bei den unangenehmen Themen mit dem Hinweis auf weitere Termine gehen.

2. Wer ist der Gastgeber der Verhandlung?

Heimspiel oder Auswärtsspiel

Hier gilt: Die meisten Menschen fühlen sich in einer vertrauten Umgebung wohler. Die Verhandlungen sollten daher weder regelmäßig in den Räumlichkeiten der Geschäftsführung noch in denen des Betriebsrats stattfinden. Am besten ist es, Sie wechseln sich mit dem „Heimspiel" ab oder sie treffen sich gleich auf neutralem Boden (zum Beispiel in einem Besprechungsraum).

3. Welche Sitzordnung ist für die Anzahl der Teilnehmenden angemessen?

Die Position am Tisch

Vermeiden Sie bei der Sitzordnung wenn möglich eine zu starke Konfrontation nach dem Motto: „Auge in Auge dem Feind". Eine aufgelockerte Runde um einen Tisch ist für die Atmosphäre günstiger als zwei Fronten, die sich gegenüber sitzen. Jede Annäherung an den sprichwörtlichen Runden Tisch (also auch ein ovaler oder achteckiger Tisch) fördert die positive Atmosphäre. Allerdings lehrt die Erfahrung, dass das Mischen der Delegationen Verhandlungen eher erschwert als erleichtert, das sollten Sie berücksichtigen. Bedenken Sie darüber hinaus, dass sich die meisten Menschen eher unwohl fühlen, wenn Sie die Tür im Rücken oder grelles Sonnenlicht von vorne haben.

4. Wie sieht es mit der Versorgung aus?

Verpflegung und Pausengestaltung

Bei Verhandlungen, die über mehrere Stunden gehen, spielt die Versorgung mit Getränken und zumindest kleinen Häppchen (Kekse etc.) eine nicht unerhebliche Rolle. Bei ganztägigen Treffen stellt sich die Frage, wie die Mittagspause gestaltet wird, ob die Teilnehmer zusammen essen oder ob sich jede Delegation zurückzieht.

5. Wie lassen sich Störungen während der laufenden Verhandlung vermeiden?

Störungen ausschließen

Hier sind vor allem Handys in den vergangenen Jahren zunehmend zur Plage geworden. Viele Firmen haben daher generelle Handy-Verbote oder Stummschalt-Gebote bei allen Besprechungen angeordnet. In anderen Firmen wird zu Beginn der Besprechung von Fall zu Fall entschieden, wie mit eingehenden Anrufen verfahren wird. Zumindest gebietet die Höflichkeit, dass jeder für ein Gespräch den Raum verlässt, um nicht den Fortgang der Verhandlung zu stören. Für alle weiteren äußeren Störungen gilt: In neutralen Besprechungsräumen sind in der Regel weniger Störungen zu erwarten als im Büro – egal ob beim Arbeitgeber oder beim Betriebsrat. Schließen Sie zumindest die Störungen aus, die in Ihrer Macht liegen: Telefon umstellen auf Anrufbeantworter oder zur Sekretärin, Hinweis an der Tür etc.

MERKE

Nicht jede Verhandlungsrunde wird in der hier geschilderten Ausführlichkeit vorzubereiten sein. Für Routinerunden, die in erster Linie dem Informationsaustausch dienen, wird in der Regel keine große Vorbereitung notwendig sein. Schließlich wird hier nicht im klassischen Sinne „verhandelt". Und auch bei Verhandlungen über Alltagsthemen, wie die Genehmigung von Überstunden, würde der Aufwand, alle Aspekte gemeinsam im Betriebsrat zu besprechen, in einem krassen Missverhältnis zur Wirkung stehen. Aus genau diesem Grund finden Sie im Anhang zwei verschieden ausführliche Checklisten für Ihre Vorbereitung: Eine Kurzcheckliste, die sich auf die anstehenden Inhalte beschränkt, und eine ausführliche Checkliste, die alle beschriebenen Punkte zur systematischen Vorbereitung enthält.

TIPP

Verhandlungen im Betriebsratsteam vorzubereiten, ist nicht immer einfach. Gerade wenn die Themen komplexer werden und sich die Verhandlungen über einen längeren Zeitraum erstrecken, empfiehlt es sich, die Zusammenarbeit bei der Vorbereitung gezielter zu planen. Visualisierungsmethoden, wie Brainstorming oder Mindmap, helfen hier oft weiter.

Durchführung von Verhandlungen

3

Verhandlungen zwischen Betriebsrat und Arbeitgeber können äußerst unterschiedlich verlaufen. Vom harmonischen Miteinander bis zu wahren Redeschlachten sind alle Zwischenstufen möglich. Eine Verhandlung ist weitaus weniger planbar als beispielsweise eine Rede in der Betriebsversammlung.

Was Sie als Betriebsrat tun können, um die Verhandlung so zu gestalten, wie Sie sich das wünschen, ist Inhalt dieses Kapitels. Es enthält Hinweise zu Fragen des persönlichen Auftretens, der Gesprächssteuerung und zum Umgang mit schwierigen Situationen. Ziel dieses Kapitels ist es, Ihnen die notwendigen Kenntnisse zu vermitteln, um in unterschiedlichen Situationen flexibel und angemessen agieren und reagieren zu können.

Zum besseren Verständnis finden Sie an vielen Stellen Beispielformulierungen. Bitte beachten Sie, dass dies nur Formulierungsvorschläge sind, denn auch hier ist wichtig: Finden Sie Ihren eigenen Stil und kopieren Sie andere nicht blind.

1 Die persönliche Wirkung verbessern

Sympathie, Kompetenz und Glaubwürdigkeit

Vor einer weit verbreiteten Annahme möchte ich Sie gleich zu Beginn warnen: Verhandlungsteilnehmer wirken nicht ausschließlich oder in erster Linie durch das, was sie sagen. Ihre persönliche Wirkung hängt in mindestens ebenso großem Maße von der Art und Weise ab, wie Sie es sagen.

Über Fragen von Sympathie, Kompetenz oder Glaubwürdigkeit entscheiden also nicht vorrangig Fachwissen oder Argumentation. Hier spielen andere Signale eine entscheidende Rolle, die – sichtbar oder hörbar – zumeist unbewusst von Ihren Gesprächspartnern aufgenommen werden. Wann immer Sie also überzeugen wollen, achten Sie darauf, welche körpersprachlichen und stimmlichen Signale Sie aussenden.

Natürlich ist dabei der berühmte erste Eindruck nicht immer, vielleicht sogar nur selten objektiv richtig. Natürlich kann ein inkompetenter Eindruck auch durch Nervosität ausgelöst worden sein. Dies bedeutet jedoch nicht, dass Ihre Zuhörer sich nicht vom ersten Eindruck, den Sie bei Ihnen erwecken, beeinflussen und leiten ließen. Hier können Sie viel an Vertrauen verlieren, ebenso viel aber auch gewinnen.

1.1 Die Bedeutung nonverbaler Signale

Unsere persönliche Wirkung hängt ab von so genannten nonverbalen Signalen, die die Einschätzung unserer Positionen oder unsere Ausführungen bei unseren Verhandlungspartnern in starkem Maße beeinflussen:

- Die nonverbalen Signale können die Wirkung unserer Argumentation stärken, sie können sie aber auch schwächen.
- Sie sind ein Signal dafür, ob jemand das sagt, was er tatsächlich denkt oder fühlt.
- Sie zeigen dem Verhandlungspartner Interesse und Engagement.
- Sie erleichtern oder erschweren das Einschalten in eine Diskussion.
- Sie verdeutlichen die Beziehung zwischen den Verhandlungspartnern.

Verschiedene Sinneskanäle

Nonverbale Signale lassen sich unterschiedlichen Sinneskanälen zuordnen. So gibt es visuelle Signale, die mit dem Auge wahrgenommen werden. Unter dem Stichwort „Körpersprache“ zusammengefasst, gehören dazu unsere Körperhaltung, Gestik, Mimik und die Frage des Blickkontakts. Etwas weniger bedeutend sind in diesem Zusammenhang die Signale, die im wahrsten Sinne des Wortes „gefühlt“ werden (taktile Signale), wie das Distanzverhalten sowie die Aufnahme von Körperkontakt. Und schließlich gibt es viele Signale, die mit den Ohren wahrgenommen werden (auditive Signale): Den Stimmklang, die Lautstärke, die Deutlichkeit der Aussprache sowie die Sprechgeschwindigkeit und -melodie.

1.2 Wie wir gesehen werden: Persönliche Körpersprache

Ein Ausdruck der Persönlichkeit

Unsere Körpersprache verrät oft mehr über unsere Stimmung, unsere Aufmerksamkeit und unsere Gefühle, als wir selbst bewusst wahrnehmen. Vielleicht sogar mehr, als uns in manchen Situationen recht ist. Wie sieht der Sprecher aus? Wie bewegt er sich? Wie ist sein Gesichtsausdruck? Blickt er mich an beim Sprechen? Redet er zu mir oder nur vor sich hin? Diese und andere Fragen spielen gerade in der Eröffnungsphase einer Verhandlung eine wichtige Rolle. Grund genug, dass wir uns über die wichtigsten Einflüsse unserer Körpersprache im Klaren sind. Hier sind einige Hinweise, die Ihnen dabei helfen können.

TIPP

Tipps zur Körpersprache

- Jeder Mensch hat eine ihm eigene und angemessene Körpersprache. Sie muss also nicht künstlich erlernt oder gesteuert werden. Achten Sie aber darauf, dass Ihre Körpersprache nicht durch äußere Faktoren (Hände in den Hosentaschen oder unter dem Tisch etc.) oder innere Faktoren (Gedanken noch woanders etc.) gehemmt wird.
- Auch die Kleidung spielt für den ersten Eindruck eine wichtige Rolle. Die beste Kleidung ist dabei die, die – je nach der Situation, in der Sie sich befinden – von Ihrem Gegenüber gar nicht bewusst wahrgenommen wird. Sie sollten durchaus einen eigenen Stil entwickeln, auf zu auffällige Details jedoch verzichten.
- Eine entspannte Haltung und Mimik strahlt Ruhe und Souveränität aus. Nutzen Sie daher Gelegenheiten zu kurzen Entspannungsübungen. Lächeln Sie kurz in sich hinein, bevor Sie zu sprechen beginnen bzw. lockern Sie die Atmosphäre innerhalb Ihres Teams auf.

- Der Gesichtsausdruck spiegelt persönliche Eigenschaften wider, zeigt Emotionen und die innere Stellungnahme des Einzelnen. Nicht selten sieht man dem Gesicht bereits vorher an, was gleich gesagt werden wird. Umgekehrt müssen wir natürlich auch damit rechnen, dass die Gegenseite bewusst oder unbewusst Signale unserer Mimik aufnimmt. Schärfen Sie daher Ihren Blick für mimische Äußerungen Ihrer Gesprächspartner. In vielen Fällen wird es Ihnen so möglich sein, Zustimmung, Ablehnung oder Kompromissbereitschaft beim Gegenüber zu erkennen, bevor er offen darüber gesprochen hat.
- Achten Sie aber ebenso auf Ihre eigene Mimik. Ein Lächeln zu Beginn verbessert die Atmosphäre; ein „Pokerface" in schwierigen Phasen hält Ihnen vielleicht das eine oder andere Hintertürchen offen.
- Unterstreichen Sie Ihre Aussagen auch gestisch. Beachten Sie: Vor allem bei geringer Distanz und in angespannter Atmosphäre kann eine zu starke Gestik von anderen als bedrohlich oder einschüchternd, ein Gegenstand in der Hand (zum Beispiel ein Stift oder Unterlagen) gar als „Waffe" empfunden werden.

Ein ganz besonderer Stellenwert kommt in diesem Zusammenhang der Frage zu, ob Sie bei Ihren eigenen Aussagen und beim Zuhören auch das Gegenüber ansehen. Folgende Hinweise dazu:

TIPP

Tipps zum Blickkontakt

- Blickkontakt fällt vor allem auf, wenn er nicht vorhanden ist. Blickkontakt haben heißt, die eigene Glaubwürdigkeit zu erhöhen, Reaktionen des Gesprächspartners wahrnehmen zu können oder aufmerksames Zuhören zu signalisieren. Gerade in größeren Gesprächsrunden können Sie durch eine geschickte Verteilung des Blickkontaktes unterstützende Äußerungen hervorrufen und Widersprüchen oder Angriffen aus dem Weg gehen:
- Schließen Sie eigene Wortbeiträge mit Blickkontakt zu potentiellen Bündnispartnern ab. Sie erhöhen damit die Chance, gleich lautende Meinungen zu hören.
- Vermeiden Sie Blickkontakt zu Dauerrednern. Er wirkt sonst wie eine Aufforderung weiter zu sprechen.
- Schauen Sie bei eigenen Angeboten oder Kompromissvorschlägen den Vertreter der anderen Seite an, bei dem Sie am ehesten ein „Ja" oder „Jain" erwarten können. Danach werden die übrigen Verhandlungsgegner dem eigenen Vertreter nicht so ohne weiteres in den Rücken fallen können.

1.3 Die Frage des Abstands: Distanzzonen

Der angemessene Abstand

Es ist sehr schwer, allgemein gültige Regeln dazu aufzustellen, welcher Abstand in Gesprächen als angenehm und nicht als zu formell oder schon zu zudringlich empfunden wird. Mehr als eine „Pi-mal-Daumen"-Richtlinie zur Angemessenheit des Abstands in bestimmten Rahmen, ist daher zunächst nicht möglich.

MERKE

Distanzzonen bei Gesprächen

Weniger als 60 cm = intime Distanz

Mehr als 60 cm = persönliche Distanz

Mehr als 2 m = gesellschaftliche Distanz

Mehr als 4 m = öffentliche Distanz

Ein Durchbrechen der persönlichen Distanzzonen kann den Kontakt und auch die Sicherheit des Betroffenen erschweren und die Gesprächsatmosphäre belasten. Dieses „Zu-nahe-Treten" provoziert häufig beim anderen ein Zurückweichen bzw. das Errichten einer Mauer – interessanterweise sowohl auf der körperlichen wie auch auf der geistigen Ebene. Wer sich „auf den Schlips getreten" fühlt, wird sich nur schwerlich konstruktiv verhalten können. Körperliche Kontaktaufnahme während des Sprechens verrät darüber hinaus oft auch hierarchisches Denken und Fühlen.

Kulturelle Unterschiede

Beachten Sie dabei, dass die oben genannten Angaben nicht nur zwischen unterschiedlichen Kulturen schwanken (und daher bei interkulturellen Trainings eine große Rolle spielen), sondern dass es hier auch immer persönlich und beruflich bedingte Schwankungen gibt. Wenn Sie daher den Eindruck haben, Ihrem Gesprächspartner ist der gewählte Abstand nicht groß genug, dann sollten Sie ihm mehr Raum geben. Denn nichts vergiftet die Gesprächsatmosphäre gründlicher als das Gefühl, jemand rückt einem zu sehr auf die Pelle.

1.4 Wie wir uns anhören: Stimme und Sprechweise

Stimme macht Stimmung

Neben der Körpersprache bestimmen auch Stimme und Sprechweise unsere Wirkung. Die Art, wie Sie sprechen, beeinflusst die Verständlichkeit des Gesagten, verrät unbewusst Ärger, Ungeduld oder Langeweile, weckt Sympathie oder Antipathie und signalisiert Souveränität oder Unsicherheit. Kurz: Auch mit Ihrer Sprechweise geben Sie ein Bild von sich an Ihre Verhandlungspartner weiter. Beachten Sie daher die folgenden Tipps.

TIPP

Tipps für Stimme und Sprechweise

- Sprechen Sie immer mit entspannter Stimme. Viele Menschen neigen dazu, unter Anspannung nicht nur lauter, sondern auch in höherer Tonlage zu sprechen. Achten Sie deshalb auch bei etwas lauterem Sprechen darauf, im Bereich Ihrer normalen Sprechtonlage zu bleiben. Denken Sie immer an den „Brustton der Überzeugung".
- Ob Sie Dialekt oder Hochdeutsch sprechen sollten, hängt entscheidend von Ihrem Zuhörerkreis und Ihrem Thema ab. Denken Sie immer daran, dass Dialektsprecher in der Regel sympathischer wirken, Hochdeutsch Sprechende dagegen häufig als kompetenter angesehen werden. Vermeiden Sie dialektale Grammatik, verleugnen Sie aber nicht Ihre regionale Klangfärbung (sprechen Sie kein gekünsteltes Hochdeutsch).
- Entscheidend ist immer die Verständlichkeit des Gesagten. Sprechen Sie deutlich. Auch im Dialekt kann man deutlich artikulieren, auch genuscheltes Hochdeutsch dagegen, bleibt schwer verständlich.
- Ein einfacher Satzbau, viele Pausen und deutliche Stimmsenkungen sind verständnisfördernd, ein abwechslungsreiches Sprechen insgesamt ist für die Zuhörer angenehmer. Variieren Sie also Sprechgeschwindigkeit und Lautstärke, betonen Sie den wichtigsten Begriff im Satz und bilden Sie lieber kurze Sätze.
- Über Ihre Sprechweise können Sie die Aufmerksamkeit Ihrer Zuhörer bewusst steuern. So lassen sich beispielsweise wichtige Punkte besonders einprägsam hervorheben, indem Sie entweder lauter, langsamer oder mit gezielten Pausen sprechen.

2 Informationen verständlich weitergeben

Das beste Argument zieht nicht, wenn Ihre Verhandlungspartner es nicht verstehen. Die schönsten Erläuterungen sind unnütz, wenn Ihnen Ihr Gegenüber in diesem Augenblick gar nicht zuhört. Und was beim Hausjuristen zum durchschlagenden Erfolg führen würde, lässt den über die rechtliche Situation nicht informierten Abteilungsleiter vielleicht nur fragend blicken. Das bedeutet: Unser Erfolg beim Verhandeln hängt auch davon ab, ob wir es schaffen, die Ideen, die wir im Kopf haben, so an den jeweiligen Gesprächspartner zu bringen, dass sie ohne Missverständnisse verstanden werden.

Kein Erfolg ohne verständliche Aussagen

Die Verständlichkeit unserer Aussagen hängt dabei vor allem von zwei Fragen ab:

- Mit Blick auf unser Gegenüber lässt sich fragen: Schaffen wir es, ihn überhaupt zum interessierten Zuhören zu bewegen?
- Und mit Blick auf das, was wir sagen: Ist deutlich und nachvollziehbar, was wir damit meinen?

In der Geschichte der Rhetorik und der Kommunikationsforschung sind die verschiedensten Regeln „entdeckt" worden, wie sich die Verständlichkeit von Aussagen erhöhen lässt. Vieles davon klingt sofort für jedermann plausibel. Leider bedeutet dies aber nicht, dass man es im Alltag auch automatisch beachtet. Manches davon lässt sich sehr leicht umsetzen (zum Beispiel eine Strukturierung der eigenen Redebeiträge), manches erfordert mehr Übung und Routine (zum Beispiel ein einfacher Satzbau). Doch selbst wenn Sie erst einmal nur einen Teil der Ideen umsetzen, werden Ihre Aussagen leichter verstanden werden. Bei all Ihren Redebeiträgen, besonders aber dann, wenn Sie dabei sind, die eigenen Gedanken, Vorschläge und Argumente vorzubringen, lohnt sich daher ein Blick auf die folgenden Hinweise.

Kriterien verständlicher Informationsweitergabe

2.1 Übersichtlich sprechen

Ein sichtbarer Roter Faden

Es ist nicht nur sinnvoll, für sich selbst einen Roten Faden zu haben, er muss auch für die Gesprächspartner deutlich sichtbar bleiben.

TIPP

Tipps für ein übersichtliches Sprechen

- Kündigen Sie zu Beginn des Redebeitrags an, zu wie vielen (und welchen) Punkten Sie Stellung nehmen wollen (*„Wir haben bisher noch zwei Dinge außer Acht gelassen ...“*).
- Nummerieren Sie die Punkte auch während der Ausführung durch.
- Benutzen Sie Überleitungssätze, um die Aufmerksamkeit Ihres Gegenüber zu steuern (*„Soweit dazu. Wir müssen uns aber auch den dritten Punkt vor Augen halten ...“*).
- Für die Frage der Reihenfolge der vorgebrachten Ideen gilt: Vom Einfachen zum Komplizierten. Wenn Sie mit dem Punkt einsteigen, der für den Arbeitgeber am schwierigsten zu akzeptieren ist, entsteht bereits zu Beginn eine Atmosphäre der Ablehnung, die auch die Diskussion weiterer Punkte beeinflusst.

Die angekündigte Zahl wird sich im Kopf Ihres Gegenübers festsetzen. Und wenn er später versucht, Ihre Aussagen für sich zu rekapitulieren, wird er so lange überlegen, bis er wieder die zwei (oder drei) Punkte zusammen hat. Und ganz nebenbei haben Sie auch den Vorteil, dass das Ganze durchdachter klingt und dass Ihre Chance auszureden – und nicht nach dem ersten Punkt unterbrochen zu werden – deutlich steigt. Schließlich hat sich Ihr Gegenüber darauf eingestellt, zu mehreren Punkten Informationen zu erhalten.

2.2 Zum Zuhören animieren

Aufmerksamkeit wecken

Kein Mensch hört einer Sache während der gesamten Zeit mit seiner ganzen Aufmerksamkeit zu. Daran können Ablenkungen von außen Schuld sein. Viel wahrscheinlicher ist aber, dass Ihr Gegenüber selbst überlegt, was er als Nächstes sagen möchte. Sie sollten sicherstellen, dass Sie zumindest dann die volle Aufmerksamkeit besitzen, wenn besonders wichtige Dinge angesprochen werden. Auch dazu gibt es eine Reihe von Möglichkeiten.

TIPP

Tipps für das Animieren zum Zuhören

- Sprechen Sie Ihren Gesprächspartner direkt an – auch mit Namen. Verbinden Sie dies mit Interesse weckenden Formulierungen (*„Da waren gerade die Erfahrungen Ihrer Abteilung für uns besonders hilfreich ...“*).
- Greifen Sie Redebeiträge Ihres Gegenüber auf (*„Ich wollte noch etwas zu Ihrem Vorschlag von vorhin sagen ...“*). Jeder hört schließlich gerne Reaktionen auf die eigenen Aussagen.
- Halten Sie Blickkontakt und beobachten Sie, ob Sie die Aufmerksamkeit haben, bevor Sie mit Ihren eigentlichen inhaltlichen Ausführungen beginnen. Wenn nicht, dann warten Sie kurz schweigend ab, bis Ihr Gegenüber wieder bei der Sache ist.
- Stellen Sie Ihrem Gegenüber Fragen zu Ihren eigenen Aussagen (*„Soweit unser Vorschlag. Was halten Sie davon?“*). Sie erfahren so am schnellsten, ob Sie einen aufmerksamen Zuhörer hatten.

2.3 Aussagen auf den jeweiligen Gesprächspartner abstimmen

In die Gegenseite hineinversetzen

Sie können nicht mit jedem Gesprächspartner gleich umgehen. Die Verständlichkeit Ihrer Aussagen hängt schließlich auch von dem Vorwissen und den Erfahrungen Ihres Gegenübers ab. Es ist daher sinnvoll, sich in der Vorbereitung einer Verhandlung auch in dieser Hinsicht in die andere Seite hinein zu versetzen und zu überlegen, wie Ihre Ideen gerade dieser Person am besten nahe zu bringen sind.

TIPP

Tipps für die Abstimmung von Aussagen

- Seien Sie vorsichtig, was „Fach-Chinesisch“ betrifft. Was für einen Kollegen die kürzeste und sinnvollste Erläuterung ist, kann für jemand anderen völlig unverständlich sein. Gerade mit Blick auf juristische Fachbegriffe gilt: Nur was verstanden wird, kann auch tatsächlich überzeugen. Ein Blenden durch unverständliche Aussagen führt in den meisten Fällen eher zu Blockadehaltungen.
- Knüpfen Sie an den konkreten Erfahrungen an, die Ihr Gegenüber gemacht hat (*„Sie waren ja selbst lange Jahre für die Abteilung XY verantwortlich ...“*).

- Greifen Sie Aussagen auf, die Ihr Gegenüber bei anderer Gelegenheit geäußert hat *(„Sie fordern ja selbst oft, die Erfahrungen der Kolleginnen und Kollegen besser zu nutzen ...“)*.

2.4 Wichtige Punkte hervorheben

Sprecherisch unterstreichen

Wenn Ihre Gesprächspartner schon nicht immer mit der gleichen Aufmerksamkeit dabei sind, dann sollten sie doch wenigstens merken, wo sich das Zuhören besonders lohnt. Möglichkeiten, die eigenen Aussagen als besonders wichtig herauszustreichen, gibt es eine ganze Menge.

TIPP

Tipps für das Hervorheben wichtiger Punkte

- Heben Sie wichtige Aussagen sprecherisch hervor: durch eine lautere oder leisere Stimme, durch eine besondere Betonung oder durch gezielte Sprech- (und damit Denk-)Pausen.
- Unterstreichen Sie wichtige Aussagen auch körpersprachlich: Zum Beispiel durch intensivere Gestik. Halten Sie gerade bei den entscheidenden Aussagen Blickkontakt zu Ihrem Gegenüber. Schließlich gilt: Ein abgelesenes Argument ist allenfalls die Hälfte wert.
- Bringen Sie wichtige Ideen mindestens zweimal – zum Beispiel in der Form einer Zusammenfassung. Sie setzen sich so besser fest.
- Sprechen Sie über besonders wichtige Punkte länger als über andere. Einem Thema, über das länger gesprochen wurde, wird unbewusst ein höherer Stellenwert eingeräumt. Oder anders herum: Vermeiden Sie längere Abweichungen vom Thema, um die Aufmerksamkeit auf die eigentlich wichtigen Punkte zu konzentrieren.
- Wenn Sie die Möglichkeit zu Visualisierungen haben, dann setzen Sie diese vor allem bei Ihren wichtigsten Ideen ein. Was Menschen nicht nur hören, sondern auch sehen können, wird in aller Regel besser behalten.

2.5 Einfach, kurz und prägnant formulieren

Das Zuhören erleichtern

Die folgenden Aussagen beziehen sich auf Satzbau, Sprechmelodie und Wortwahl. Die alte Regel „Sprich langsam und deutlich" ist hier mit äußerster Vorsicht zu genießen. Denn ein langsames Sprechen birgt die große Gefahr, langweilig und einschläfernd zu wirken. Tendenziell wirken Menschen, die eher schneller sprechen, sogar überzeugender und kompetenter. Sie müssen nur eines beachten: Der Zuhörer braucht die Zeit und die Gelegenheit, das Gesagte auch zu verarbeiten.

TIPP

Tipps für die Erleichterung des Zuhörens

- Bilden Sie eher kurze Sätze (pro Hauptsatz nur ein bis maximal zwei Nebensätze).
- An den Stellen, an denen ein Punkt steht, sollten Sie auch sprecherisch einen setzen – durch eine deutliche Stimmsenkung und eine ganz kurze Sprechpause. Die Stimmsenkung ist für den Zuhörer das Signal, dass jetzt ein Sinnabschnitt beendet ist und er daher das Gesagte nun verarbeiten kann. Die Pause braucht er, um aus dem Gesagten den eigentlichen Sinn für sich zu übersetzen und abzuspeichern.
- Durch eine insgesamt eher abwechslungsreichere Sprechweise erhöhen Sie die Aufmerksamkeit bei Ihren Gesprächspartnern.

2.6 „Weichmacher" vermeiden

Unbewusste Signale der Unsicherheit

„Weichmacher" sind Floskeln, mit denen wir unsere Aussagen in der Aufmerksamkeit unserer Gesprächspartner selbst abschwächen und sie weniger überzeugend klingen lassen. Viele davon werden vom Gegenüber gar nicht bewusst wahrgenommen. Sie lösen aber dennoch unbewusst das Gefühl aus, die Aussagen nicht besonders ernst nehmen zu müssen. Wer viele Weichmacher benutzt, läuft daher stärker als andere Gefahr, dass die eigenen Redebeiträge übergangen oder nicht für voll genommen werden. So gibt es Menschen, die sagen *„Ich habe folgenden Vorschlag: ..."*

Oft hört man aber auch Anmerkungen wie: *„Könnten wir nicht auch mal darüber nachdenken, ob es nicht eine Möglichkeit wäre, dass ..."*

TIPP

Praktischer Tipp

Hören Sie aus Übungsgründen während einer für Sie nicht zu wichtigen Verhandlung mal den anderen Gesprächsteilnehmern aufmerksam zu. Überlegen Sie dabei, welche Gesprächsteilnehmer Ihnen spontan souverän vorkommen und welche eher nicht. Achten Sie dann einmal genauer auf die jeweiligen Formulierungen und Sie werden mit ziemlicher Sicherheit feststellen, dass immer diejenigen weniger überzeugend wirken, die mehr Weichmacher verwenden. Besonders verbreitet sind

- eine Verwendung von Konjunktivformen, wo sie keine echte Funktion haben (siehe das Beispiel oben: *„könnten wir"* – wir müssen aber nicht),
- überflüssige Füllwörter wie „eigentlich", „vielleicht", „eventuell" etc. (*„auch mal darüber nachdenken"* – irgendwann mal, aber nicht jetzt),
- nicht klar genug sagen, was man gerade vorbringt: einen Vorschlag, ein Argument, Fakten (*„ob es nicht eine Möglichkeit wäre"* – ja, eine von vielen),
- Fakten als subjektive Sicht darstellen (*„Ich denke, es ist …"*).

2.7 Praxisbeispiel: Das Eingangsstatement

Wenn es darauf ankommt

Jede Verhandlungsrunde hat „Plätscherphasen", in denen es nicht auf jede einzelne Formulierung ankommt. Es gibt jedoch auch Phasen, in denen es genau darauf ankommt. Dies gilt für die Zusammenfassung der Ergebnisse am Ende und gerade auch für die Einstiegsphase. Beim Eingangsstatement müssen die Gedanken besonders prägnant und verständlich dargestellt werden, um Missverständnisse zu vermeiden, die das Gespräch in eine falsche Richtung lenken oder die Gesprächsatmosphäre gleich zu Beginn vergiften könnten.

Die eigenen Vorschläge effektiv einbringen

Natürlich gibt es nicht *das* Idealbeispiel für ein Eingangsstatement. Das widerspräche auch dem Grundsatz, dass jeder seinen persönlichen Verhandlungsstil finden muss. Zudem gilt, dass jede Äußerung auch auf die Gegebenheiten der eigenen Firma und auf die „Psyche" des jeweiligen Verhandlungspartners zugeschnitten sein sollte. Dennoch können Sie bei den folgenden Beispielen übungshalber einmal für sich überlegen, welche der Kriterien für eine verständliche Informationsweitergabe Sie wieder finden.

BEISPIEL

Zur Situation: Das folgende Eingangsstatement könnte so oder so ähnlich das dritte Treffen zum mehrmals erwähnten Outsourcing-Fall (Kapitel 2, Abschnitt 2.2) eröffnen. Nehmen wir an, das zweite Treffen wurde vom Betriebsrat beendet mit der Ankündigung, eigene Vorschläge zu entwickeln. Nach Begrüßung und Smalltalk kommt der Betriebsratsvorsitzende dann auf das Thema zu sprechen:

„Gut – kommen wir zum Thema. Wir hatten ja vereinbart, dass Sie bis zu dieser Verhandlungsrunde keine konkreten Schritte unternehmen würden. Im Gegenzug dazu wollten wir Ihre Vorschläge überdenken und gegebenenfalls auch eigene Vorschläge erarbeiten. Das haben wir gemacht und wir haben auch einen konkreten Vorschlag dabei, der auch in Ihrem Interesse sein könnte.

Ich schicke voraus, dass sich der Betriebsrat einer Auflösung der Abteilung nicht prinzipiell in den Weg stellen wird, vorausgesetzt, das Wohl der Kolleginnen und Kollegen kommt dabei nicht zu kurz. Zwei Kollegen haben ja ohnehin schon Interesse an einer Vorruhestandsregelung signalisiert. Hier werden wir sicher schnell zu einer Einigung kommen können. Wir gehen auch davon aus, dass Sie bei Ihrer Zusage bleiben, sechs Kolleginnen mit entsprechender Weiterbildung in anderen Abteilungen weiterzubeschäftigen. (Pause für Rückmeldung)

Bleiben also noch 17 Kolleginnen und Kollegen. Hier bieten wir Ihnen folgende Lösung an: Was halten Sie von der Idee, die Vergabe des Auftrags an eine externe Firma davon abhängig zu machen, dass diese die betroffenen Mitarbeiterinnen und Mitarbeiter übernimmt. Details sind im Einzelnen natürlich noch zu klären.

Für Sie wären mit dieser Lösung drei Vorteile verbunden:

1. Wir erreichen das gewünschte Einsparziel, dennoch wird die Arbeit weiterhin von erfahrenen und eingearbeiteten Kolleginnen und Kollegen erledigt. Die Reibungsverluste für unser Unternehmen sind dadurch minimal.

2. Wir vermeiden einen Rattenschwanz von juristischen Auseinandersetzungen (Kündigungsschutzklagen etc.), die ansonsten drohen würden.

Und 3. Eine gute Vereinbarung mit der übernehmenden Firma vorausgesetzt, sparen Sie sich zusätzlich die ansonsten bereits jetzt anstehenden Abfindungen.

Mit einigen der betroffenen Kolleginnen und Kollegen haben wir bereits kurz gesprochen. Sie wären natürlich nicht übermäßig glücklich mit dieser Lösung, könnten aber unter Umständen damit leben. Wir bieten Ihnen auf jeden Fall an – wenn wir uns hier über konkrete Konditionen einigen können –, den Vorschlag gemeinsam mit Ihnen den Kolleginnen und Kollegen vorzustellen und zu unterstützen.

Und daher nochmals die Frage an Sie: Was halten Sie von diesem Vorschlag?"

TIPP

Lesetipp

Ein gutes Selbstlern- und Trainingsprogramm zum Thema Verständlichkeit bietet das folgende Buch:

Langer/Schulz v. Thun/Tausch, Sich verständlich ausdrücken, 9. Auflage, München 2011.

Gedacht ist das Trainingsprogramm zwar ursprünglich für das Verfassen schriftlicher Texte. Die allermeisten Ideen und Tipps gelten jedoch gleichermaßen für Redebeiträge in Verhandlungen.

3 Mit der richtigen Fragetechnik den Gesprächsverlauf im Griff behalten

3.1 Offene und geschlossene Fragen

Grundlegende Fragearten

Wer fragt, führt! Diese oft zitierte Regel ist nach wie vor einer der wirkungsvollsten Schlüssel zu einer effektiven Gesprächs- und Verhandlungsführung. Wer zur richtigen Zeit die richtigen Fragen stellt, behält den Gesprächsverlauf unter Kontrolle und vergrößert gleichzeitig seine Chance, das gewünschte Ergebnis zu erreichen. Durch den gezielten Einsatz von Fragetechniken erfahren Sie die Bedürfnisse und Argumente Ihrer Gesprächspartner. Sie stellen fest, ob Sie mit Ihren Ausführungen verstanden wurden und Sie erkennen, welcher Spielraum Ihnen in Verhandlungen noch zur Verfügung steht.

Natürlich ist nicht jede Frage gleichermaßen für alle diese Ziele einsetzbar. Ihnen stehen vielmehr eine ganze Reihe unterschiedlicher Fragetechniken zur Verfügung, aus denen Sie – je nachdem, welches Ziel Sie gerade verfolgen – auswählen können. Grundlegend ist hier zunächst einmal die Unterscheidung von offenen Fragen und geschlossenen Fragen. Im Anschluss daran stelle ich Ihnen noch einige besondere Fragetechniken vor, mit denen Sie den Verlauf einer Verhandlung in besonderer Weise steuern können.

Offene Frage

W-Fragen

Eine offene Frage erfordert eine Antwort, die mehr umfasst als „Ja" oder „Nein". Sie beginnt mit einem Fragewort (wer, warum, wann, was, wie, wodurch ...) und wird daher auch oft als W-Frage bezeichnet:

BEISPIEL

Beispiele für offene Fragen

- *„Wie war die Anreise?"*
- *„Was gefällt Ihnen an unserem Angebot?"*
- *„Welche Vorschläge haben Sie mitgebracht?"*

Offene Fragen dienen also in erster Linie dazu, ein Gespräch in Gang zu bringen, schnell Informationen zu erhalten oder Zurückhaltende zum Reden zu bringen. Dem Gesprächspartner wird dabei bewusst ein weiter Spielraum an Antwortmöglichkeiten gegeben.

Geschlossene Frage

Ja-Nein-Fragen

Eine geschlossene Frage gibt dem Gesprächspartner nur eine begrenzte Auswahl an Antwortmöglichkeiten. Die Frageform legt hier Ja- oder Nein-Antworten nahe.

BEISPIEL

Beispiele für geschlossene Fragen

- *„Hatten Sie eine angenehme Anreise?"*
- *„Gefällt Ihnen unser Angebot?"*
- *„Können wir das jetzt so festhalten?"*

Geschlossene Fragen dienen dazu, Ergebnisse oder Inhalte einer Verhandlung auf den Punkt zu bringen. Sie sind also gerade für die Entscheidungsfindung beim Abschluss einer Verhandlung von großer Bedeutung. Gleichzeitig bieten Sie – vor allem in der Form der Konkretisierungsfrage – eine effektive Möglichkeit, um besonders redselige Gesprächspartner zu bremsen und zu klaren Aussagen zu zwingen.

3.2 Fragearten zur Steuerung des Gesprächsverlaufs

1. Informationsfrage

Für die schnelle Auskunft

Informationsfragen dienen einzig und allein dazu, Informationen von der Gegenseite zu erhalten, die für den Verlauf der Verhandlung und für die Wahl Ihrer Strategie wichtig sind.

BEISPIEL

Beispiele für Informationsfragen

- *„Bis wann muss der Entwurf spätestens beim Arbeitgeber vorliegen?"*
- *„Was benötigen Sie konkret?"*
- *„Warum konnte der Termin nicht eingehalten werden?"*

In der Regel sind offene Fragen günstiger. In Ausnahmefällen eignen sich jedoch geschlossene Informationsfragen, um eine Auskunft in kurzer und präziser Form zu erhalten. Vor allem bei sehr langen und ausschweifenden Beiträgen der Gegenseite bieten sich Konkretisierungsfragen an:

- *„Entschuldigen Sie, dass ich hier unterbreche. Beantworten Sie doch bitte die folgende Frage: Sind Sie mit dem gefundenen Kompromiss einverstanden?"*

2. Bestätigungsfrage

Missverständnisse vermeiden

Mit Bestätigungsfragen prüfen Sie, ob Sie verstanden worden sind oder ob Sie Ihren Verhandlungspartner richtig verstanden haben. Setzen Sie diese Technik in Verhandlungen ruhig häufiger ein. Sie ersparen sich auf diese Weise Missverständnisse, die Sie ansonsten im Nachhinein mit viel Zeit und Mühe wieder aufklären müssen.

BEISPIEL

Beispiele für Bestätigungsfragen

- *„Sind zu den bisherigen Punkten Fragen aufgetaucht?"*
- *„Benötigen Sie noch weitere Informationen?"*
- *„Habe ich Sie richtig verstanden, dass ...?"*

3. Detaillierungsfrage

Auskünfte im Detail

Manchmal kann – oder will – Ihr Verhandlungspartner auf eine Frage nicht antworten. Er reagiert stattdessen mit Schweigen oder mit einer ausweichenden Antwort. Sie könnten nun in die Offensive gehen und eine Anmerkung machen wie *„Offensichtlich wollen Sie hier einer Antwort ausweichen!"* Sie können aber auch versuchen, einer solchen offenen Konfrontation auszuweichen. Knüpfen Sie an Ihrer ursprünglichen Frage an, fragen Sie dabei aber nach einem bestimmten Teilaspekt, einem besonderen Detail, um Ihrem Gegenüber die Antwort zu erleichtern bzw. das Gespräch in Gang zu halten.

BEISPIEL

Beispiel für eine Detaillierungsfrage

- Erste Frage: *„Welche unserer Vorschläge werden in Ihrer Abteilung favorisiert?"*

Keine Antwort.

- Detaillierungsfrage: *„Angenommen, wir entscheiden uns für die Lösung XY. Was würden Sie von diesem Vorschlag halten?"*

4. Alternativfrage

Manipulative Frageform

Die Alternativfrage ist immer eine geschlossene Frage, bei der Sie Ihren Gesprächspartnern zwei Antwortmöglichkeiten vorgeben und auf diese Weise deren Entscheidungsraum einschränken.

BEISPIEL

Beispiele für Alternativfragen

- *„Kommt für Sie Vorschlag A eher in Betracht oder Vorschlag B?"*
- *„Was ist Ihnen wichtiger: Eine lange Diskussion um Details oder ein gemeinsames Ergebnis noch heute?"*

Alternativfragen sind eine der manipulativsten Frageformen überhaupt. Sie werden gerne eingesetzt, um den Gesprächspartner dazu zu verleiten, sich für eine der beiden Alternativen zu entscheiden. Mögliche andere Lösungen werden dabei ausgeklammert.

BEISPIEL

Beispiel für die Anwendung einer Alternativfrage

In der Verhandlung um eine neue Arbeitszeitregelung geht es gerade um die Frage der Erreichbarkeit der Mitarbeiter für Kunden. Nach zähem Hin und Her stellt der Arbeitgeber die Frage: *„Ich sehe jetzt noch zwei Möglichkeiten, die Kuh vom Eis zu kriegen: Wir verlängern die Kernzeit insgesamt oder wir verschieben sie um eine halbe Stunde nach hinten. Was ist Ihnen lieber: die erste oder die zweite Möglichkeit?"*

Würde der Betriebsrat jetzt reagieren nach dem Motto: *„Also wenn, dann kommt für uns nur die zweite in Betracht ..."*, dann wäre er genau auf diese Taktik hereingefallen. Schließlich gibt es ja vielleicht noch eine dritte oder gar vierte Alternative. Die allerdings muss man dann selbst in die Diskussion einbringen: *„Wir können diese beiden Möglichkeiten gerne noch einmal prüfen. Es gibt allerdings auch noch eine weitere Möglichkeit: Wir überlassen es den jeweiligen Mitarbeitern, die Erreichbarkeit durch gemeinsame Absprachen sicher zu stellen."*

5. Gegenfrage

Keine falsch verstandene Höflichkeit

Streichen Sie die alte (Höflichkeits-)Regel aus Ihrem Gedächtnis, die besagt: „Du sollst eine Frage nicht mit einer Gegenfrage beantworten." Diese Regel haben vor langer Zeit Eltern und Lehrer erfunden, um ihre Kleinen unter Kontrolle zu halten. Wenn Sie mit Fragen konfrontiert werden, die Sie ohne eine kurze Bedenkzeit nicht beantworten können, dann gewinnen Sie durch den Einsatz von Gegenfragen Zeit. Gleichzeitig erhalten Sie eventuell auf diese Weise Ansatzpunkte, wie Sie auf die Angriffe reagieren können.

BEISPIEL

Beispiele für Gegenfragen

- Frage: *„Sie meinen also, uns mit diesem Vorschlag überzeugen zu können?"*
  Gegenfrage: *„Was gefällt Ihnen an unserem Vorschlag nicht?"*
- Frage: *„Wie erklären Sie sich die Probleme, die bei der Umsetzung Ihrer Betriebsvereinbarung aufgetreten sind?"*
  Gegenfrage: *„Was meinen Sie damit konkret?"*

6. Objektivierungsfrage

Gesichtsverlust vermeiden

Dem Verhandlungspartner einen möglichen Gesichtsverlust zu ersparen, ist häufig der Schlüssel für zufrieden stellende Kompromisse und Vereinbarungen. Vermeiden Sie daher auch im Hinblick auf die von Ihnen eingesetzten Fragetechniken alles, was Ihr Gegenüber dazu zwingt, sich auf eine Lösung oder einen Vorschlag zu versteifen. Denn je länger er sich für etwas verteidigen muss, umso schwerer fällt es, diese Position preiszugeben. Genau dabei hilft Ihnen die Objektivierungsfrage: Stellen Sie die Fragen so, dass allgemein über Lösungen oder Vorschläge gesprochen wird, ohne dass sich Ihr Gegenüber mit einem Vorschlag zu identifizieren beginnt. Fragen Sie also nicht nach persönlichen Meinungen oder Ansichten, sondern nach allgemein denkbaren.

BEISPIEL

Beispiel für eine Objektivierungsfrage

- *„Welche Lösungsalternativen bieten sich uns denn in diesem Fall?"*
  (Statt: *„Wie würden Sie das Problem lösen?"*)

7. Kontrollfrage

Vertrauen ist gut, Kontrolle besser

Jeder, der häufiger Verhandlungen führt, kennt das folgende Problem: Während des Gesprächs scheinen erste Zwischenergebnisse festzustehen. Die Freude ist groß, endlich etwas erreicht zu haben. Am Ende der Verhandlung oder – noch schlimmer – in der Zeit nach der Verhandlung stellen Sie jedoch fest, dass die erzielten Absprachen auf einmal nichtig sind und von Ihrem Gesprächspartner nicht eingehalten werden. Um sich diesen nachträglichen Frust zu ersparen, sollten Sie sich in diesen Fällen immer fragen: Wie können wir schnell erkennen, ob mündliche Zusagen tatsächlicher Überzeugung oder nur einer Hinhaltetaktik entsprungen sind?

Die Lösung für dieses Problem sind Kontroll- oder Testfragen. Zwingen Sie auf eine nette Art und Weise Ihre Verhandlungspartner, frühzeitig Farbe zu bekennen. Am besten dafür geeignet sind zum einen unterschwellige „Drohungen" mit schriftlichen Belegen (zum Beispiel mit einer Protokollnotiz), zum anderen das Ansprechen möglicher „Zeugen".

BEISPIEL

Beispiele für Kontrollfragen

- *„Kann ich das also so schon einmal für das Protokoll festhalten?"*
- *„Können wir das also der Belegschaft in dieser Form weitergeben?"*

In der Regel erkennen Sie an der Reaktion auf eine solche Kontrollfrage sehr schnell, ob Ihr Gesprächspartner sein Angebot ernst meint. Wenn ja, dann können Sie sich nun weiteren Fragen zuwenden; wenn nein, dann sparen Sie sich zumindest späteren Frust.

8. Hypothetische Frage

Keine frühzeitigen Festlegungen

Die hypothetische Frage verfolgt das gleiche Ziel wie die Objektivierungsfrage: Frühzeitige „endgültige" Festlegungen sollen vermieden werden. Gerade wenn der Verhandlungspartner auf die Frage, ob er dem gerade diskutierten Vorschlag zustimmt, vermutlich mit „nein" antwortet, ermöglicht diese Fragetechnik eine Fortsetzung des Gesprächs. Statt eine Entscheidung zu verlangen, wechseln Sie das Thema auf die Frage, unter welchen Umständen eine Zustimmung möglich wäre. Schließlich ist eine Diskussion über mögliche Änderungen fruchtbarer und einfacher, als lange über die Rechtfertigung einer strikten Ablehnung zu sprechen.

BEISPIEL

Beispiele für hypothetische Fragen

- *„Was müsste passieren, damit Sie hier mitziehen können?"*
- *„Angenommen, wir bleiben im Großen und Ganzen bei diesem Vorschlag. Was müssten wir anders formulieren, damit Sie diesen Vorschlag unterstützen können?"*

9. Voraussetzungsfrage

Klassische Form der Fangfrage

Die Voraussetzungsfrage ist die am weitesten verbreitete Art der Fangfrage. Beim Einsatz dieser Fragetechnik sind Sie nicht an der direkten Antwort interessiert, sondern an Informationen, auf die die Antwort Rückschlüsse erlaubt. Sie lässt sich einsetzen, wenn Sie – aus welchen Gründen auch immer – die Frage nicht direkt stellen wollen. Statt als Betriebsrat den Arbeitgeber direkt zu fragen, ob er denn endlich (wie versprochen) das Thema im Vorstand behandelt hat, könnten Sie stattdessen auch fragen: *„Wie waren denn die Reaktionen im Vorstand zu dieser Frage?"*

Häufig kann man aus dem Stil der Antwort dann ablesen, ob es denn tatsächlich Thema im Vorstand gewesen ist: Kommt die Antwort spontan oder zögerlich? Erhalten Sie nur eine vage Antwort oder konkrete Angaben? Eventuell können Sie auch noch einmal nachhaken: *„Und welche Zusagen gab es ganz konkret?"* oder *„Mit wem im Vorstand haben Sie Kontakt aufgenommen – mit Frau Dr. Huber oder Herrn Schmidt?"*

Interessanterweise erhält man manchmal danach inhaltliche Zugeständnisse, weil die Gegenseite sich keine Blöße geben und konkrete Nachfragen bei anderen vermeiden möchte. Dennoch sollten Sie mit Fragen dieser Art vorsichtig umgehen. Clevere Gesprächspartner wittern sehr schnell die dahinter verborgene Absicht. Daher besteht die Gefahr, dass die Gesprächsatmosphäre leidet. In noch stärkerem Maße besteht diese Gefahr allerdings beim Einsatz der folgenden beiden Fragetechniken.

10. Provokations- und Suggestivfrage

Anschlag auf die gute Stimmung

Provokationsfragen werden manchmal eingesetzt, um den Gesprächspartner zu verunsichern und aggressive Störer zur Ruhe zu bringen. Vor allem, wer aufgrund äußerer Gegebenheiten (Auftraggeber, Vorgesetzter etc.) glaubt, am längeren Hebel zu sitzen, demonstriert auf diese Weise oft gern die eigene Überlegenheit.

BEISPIEL

Beispiele für Provokationsfragen

- *„Was wollen Sie denn als Laie von diesen Fragen verstehen?"*
- *„Wo haben Sie denn diesen Blödsinn aufgeschnappt?"*

Es besteht jedoch eine doppelte Gefahr: Zum einen ist es mehr als fraglich, ob die Verhandlung in diesem Stil noch zu einem konstruktiven Abschluss gebracht werden kann. Sogar weitere anstehende Verhandlungen werden auf diese Weise belastet. Zum anderen laufen Sie Gefahr, dass sich in größeren Runden alle bisher neutralen Gesprächsteilnehmer gegen Sie verbünden. Ähnlich gefährlich sind auch Suggestivfragen.

BEISPIEL

Beispiele für Suggestivfragen

- *„Sie wollen doch sicher auch, dass wir heute noch zu einem Ergebnis kommen?"*
- *„Wollten Sie uns nicht gerade mit einem neuen Angebot entgegenkommen?"*

Die Frage enthält bereits die gewünschte Antwort. Sie erwarten keine Stellungnahme, sondern eine Zustimmung. Auch hier gilt jedoch: Clevere Gesprächspartner erkennen den Manipulationsversuch und werden sich dagegen wehren.

11. Rhetorische Frage

Stilmittel statt echter Frage

Die rhetorische Frage ist eigentlich keine richtige Frage, weil sie nicht dazu dient, die Gesprächspartner oder Zuhörenden tatsächlich zu einer Antwort zu bewegen. Sie ist vielmehr ein Stilmittel, das Spannung erzeugen und zum Mitdenken anregen will. In der Regel beantworten Sie eine rhetorische Frage nach kurzer Wirkungspause selbst, innerhalb von Verhandlungen sind sie daher am ehesten bei längeren Erläuterungen zur eigenen Position oder bei der Zusammenfassung der Ergebnisse sinnvoll.

BEISPIEL

Beispiele für rhetorische Fragen

- *„Warum verwenden wir als Betriebsrat so viel Zeit auf dieses Detail? Ich sage es Ihnen, weil die Erfahrungen der Mitarbeiter vor Ort gezeigt haben, dass ...“*
- *„Ist das also der Kompromiss, nach dem wir seit Stunden gesucht haben? Ich sage Ja!“*

3.3 Der klassische Fehler beim Einsatz von Fragen

Vor einem gar nicht so selten gemachten Fehler möchte ich Sie abschließend warnen: Viele Menschen lernen sehr schnell, die richtigen Fragen zu stellen. Sie behalten aber dennoch nicht den Gesprächsverlauf im Griff. Warum?

Immer nur eine Frage

Zum einen, weil sie nicht nur eine, sondern gleich mehrere Fragen stellen. Ein cleverer Gesprächspartner wird sich diese Chance nicht entgehen lassen und sich in seiner Antwort auf die Frage konzentrieren, die ihm am besten ins Konzept passt. Halten Sie sich daher immer an die Regel, nie mehr als eine Frage gleichzeitig zu stellen. Erst nach der Antwort sollte eine weitere Frage formuliert werden.

Antworten abwarten

Zum anderen, weil Sie nicht lange genug auf eine Antwort warten, sondern selbst wieder reden. Hinter dieser Erfahrung steckt das Phänomen, dass unsere Wahrnehmung von Zeit sehr relativ ist. Wenn Sie beispielsweise fünf Minuten vor Abfahrt Ihres Zuges noch dringend etwas erledigen müssen, dann werden diese fünf Minuten sehr kurz. Wenn Ihr Zug fünf Minuten Verspätung hat und Sie daher warten müssen, werden

Ihnen diese fünf Minuten sehr viel länger vorkommen. Und exakt das passiert in Verhandlungen tagtäglich. Der Fragende wartet – und ihm kommt die Pause sehr lange vor. Der Gefragte sucht nach einer Antwort – für ihn ist die Pause sehr viel kürzer.

MERKE

Denken Sie immer daran: Wenn Sie eine Frage gestellt haben und das Schweigen danach kommt Ihnen schon peinlich vor – dann ist es genau richtig.

3.4 Fragen, die sich immer stellen lassen

In der Regel haben wir in einer Verhandlung wenig Zeit, uns die beste Fragetechnik zu überlegen. Schlagfertiges Reagieren hängt deshalb auch davon ab, einige wichtige „Standardfragen" griffbereit im Kopf zu haben. Der folgende Überblick listet einige Fragen auf, die sich immer einsetzen lassen.

BEISPIEL

Beispiele für Standardfragen

Fragen, mit denen sich schwammige und unkonkrete Aussagen der Gegenseite präzisieren lassen:

- *„Was genau meinen Sie mit ...?"*
- *„Was bedeutet für Sie ...?"*
- *„An wen denken Sie hier konkret?"*
- *„Wie müsste der Vorschlag aussehen, damit Sie ihm zustimmen könnten?"*
- *„Wenn Sie dies nicht mitmachen, was dann?"*
- *„Wie sehen Ihre Erfahrungen denn konkret aus?"*
- *„Habe ich Sie richtig verstanden – Ihnen geht es um ...?"*
- *„Können wir also im Protokoll festhalten ...?"*
- *„Können wir also der Belegschaft mitteilen, dass ...?"*

Fragen, um Bedürfnisse, Motive und Hintergründe zu erfragen:

- *„Was hält Sie davon ab?"*
- *„Welche Folgen befürchten Sie, wenn Sie hier zustimmen?"*
- *„Was ist Ihnen mit Blick auf unser Ergebnis besonders wichtig?"*
- *„Was liegt Ihnen hier besonders am Herzen?"*
- *„Woher wissen Sie, dass ...?"*
- *„Was veranlasst Sie zu glauben, dass ...?"*

Fragen, um auf (schiefe) Vergleiche zu reagieren:
- *„Was genau ist damals schief gegangen?"*
- *„Was genau macht die Firma ...?"*
- *„Welche Unterlagen zeigen, dass ...?"*
- *„Verglichen womit? Im Verhältnis wozu?"*

Fragen, um Denkblockaden aufzubrechen (Hypothesentechnik):
- *„Nehmen wir einmal an, .../Was wäre, wenn ...?"*
- *„Unter welchen Umständen könnten Sie sich eine Zustimmung vorstellen?"*
- *„Was würden Sie vorschlagen?"*
- *„Was müsste passieren, damit Sie ...?"*
- *„Wie könnte es anders/besser/einfacher gehen?"*
- *„Was könnten wir tun, damit ...?"*
- *„Wie könnten wir weiter verfahren, um ...?"*

4 Der Weg zum guten Zuhörer: Non-direktives Gesprächsverhalten

Für die Einstiegsphase

In jeder Verhandlung wechseln sich Phasen, in denen wir selbst eine aktive Rolle spielen und den Gesprächsverlauf im Griff haben müssen, und Phasen, in denen wir vor allem gute Zuhörer sein und den anderen am Reden halten sollten, ab. Ersteres ist beispielsweise dann nötig, wenn wir unsere eigenen Vorschläge präsentieren oder wenn die Verhandlung kurz vor Schluss auf der Kippe steht. Wesentlich zurückhaltender sollten wir sein, wenn wir zum Beispiel in der Anfangsphase erst einmal herausfinden wollen, wo die Gegenseite steht und welche möglichen gemeinsamen Anknüpfungspunkte vorhanden sind. Vor allem in diesen Phasen zeigt sich die Gültigkeit der Regel, dass gute Verhandlungsführer immer auch gute Zuhörer sind.

4.1 Zuhören ist mehr, als selbst den Mund zu halten

Die Gegenseite zum Reden bringen

Gute Zuhörer sind dabei aber keineswegs nur passiv. Wir können einiges tun, um unsere Verhandlungspartner in der Verhandlungsrunde zum Reden zu bringen und am Reden zu halten. Diese Gesprächstechniken werden üblicherweise unter dem Stichwort „Non-direktives Gesprächsverhalten" zusammengefasst.

Was genau ist hier gemeint? Non-direktives Gesprächsverhalten bedeutet, dass man in bestimmten Phasen einer Verhandlung nicht selbst den Ton angibt, sondern die Gegenseite ihre Gedanken frei formulieren lässt. Konzentrieren Sie sich daher in einer solchen Phase auf das, was der andere sagt, und regen Sie ihn aktiv zum Weiterreden an. Das hat Vorteile für Sie selbst.

TIPP

Vorteile des non-direktiven Gesprächsverhaltens

- Sie erhalten neue und oft wichtige Informationen.
- Sie können in einer solchen Gesprächsphase viele unterschwellige Angebote oder Unsicherheiten der Gegenseite heraushören, die Sie in den Phasen, in denen Sie selbst aktiv argumentieren, kaum heraushören können. Schließlich sind Ihre Gedanken dort zu sehr mit der Formulierung Ihrer nächsten Aussage beschäftigt.
- Viele Missverständnisse und Fehlinterpretationen lassen sich auf diese Weise vermeiden.

Gerade mit Blick auf das eigene Argumentieren sind non-direktive Gesprächsphasen äußerst hilfreich. Denn schließlich können wir eine zielgenaue und partnerorientierte Argumentation nur dann praktizieren, wenn wir wissen, wo genau unser Verhandlungspartner steht. Non-direktives Gesprächsverhalten ist aber ebenso nützlich mit Blick auf die Emotionen Ihrer Verhandlungspartner.

TIPP

Weitere Vorteile non-direktiven Gesprächsverhaltens

- Die Atmosphäre wird insgesamt angenehmer, das Vertrauen zwischen den Beteiligten steigt.
- Ihr Gegenüber kann leichter seine Meinungen, Anliegen und Widerstände ansprechen.

MERKE

Denken Sie daran: Jeder Verhandlungsteilnehmer will mit seinen Ideen, Vorschlägen und Aussagen ernst genommen werden.

4.2 Gesprächstechniken beim non-direktiven Gesprächsverhalten

1. Aktiv Zuhören

Aufmerksamkeit zeigen

Aktives Zuhören ist in allen Phasen einer Verhandlung nützlich, in denen wir von der Gegenseite Informationen oder Aussagen benötigen. Gutes Zuhören ist dabei aber erheblich mehr als selbst nichts zu sagen. Wenn der andere spricht, ist man schließlich selbst häufig damit beschäftigt, seinen eigenen Gedanken freien Lauf zu lassen oder seinen nächsten Gesprächsschritt zu überlegen. Ein aktives Zuhören dagegen bedeutet:

- Schenken Sie Ihrem Verhandlungspartner Ihre ungeteilte Aufmerksamkeit. Konzentrieren Sie sich darauf, seine Gedanken und Ideen wirklich zu erfassen und das Wesentliche heraus zu hören.
- Zeigen Sie Ihrem Gegenüber, dass Ihr Interesse an seinen Aussagen groß ist. Dafür gibt es ganz verschiedene Möglichkeiten:
  - Aufforderungen wie *„Erzählen Sie mal …"*,
  - eine zugewandte Körperhaltung,
  - ein intensiver Blickkontakt,
  - ein aufmunterndes Kopfnicken oder auch
  - eingeschobene Laute wie *„mm"*, *„ja"* oder Ähnliches.

2. Rückmeldung der Partneräußerung

Spiegeln als Gesprächstechnik

Das Rückmelden von Partneräußerungen wird auch Paraphrasieren oder Spiegeln genannt. Es bedeutet, dass Sie Ihrem Gegenüber zeigen, dass Sie seinen Ausführungen tatsächlich gefolgt sind – was zum Weiterreden motiviert. Sie liefern ihm auf diese Weise gleichzeitig ein neues Stichwort, was das Weiterreden ebenfalls leichter macht. Konkret heißt es, dass Sie die Äußerungen in eigenen Worten zusammenfassend wiederholen sollten. Dabei spielt es keine Rolle, ob Sie nur ein einzelnes zentrales Wort aufgreifen oder ob sie gleich einen ganzen Abschnitt rekapitulieren.

BEISPIEL

Beispiele für Rückmeldungen

- *„Sie meinen also, dass ..."*
- *„Wenn ich Sie richtig verstehe, dann geht es Ihnen also um ..."*
- *„Soweit also Ihre Erfahrungen ..."*

Neben dem Einsatz in den klassischen non-direktiven Gesprächsphasen können derartige Rückmeldungen auch noch zu anderen Zwecken innerhalb einer Verhandlung eingesetzt werden.

MERKE

Funktionen einer Rückmeldung

Eine Rückmeldung kann benutzt werden,

- um weitere detaillierte Informationen zu erhalten,
- um Zeit zum Überlegen zu gewinnen,
- um dem anderen bei unsachlichen Bemerkungen oder Angriffen den Spiegel vorzuhalten,
- um Missverständnisse zu klären und nicht aneinander vorbei zu reden,
- um Gesprächsbeiträge und -ergebnisse zusammenzufassen und festzuhalten.

3. Ansprechen von Gefühlen und Emotionen

Eindrücke rückmelden

Eine ebenso effektive Möglichkeit, dem anderen Interesse zu signalisieren und ihn am Reden zu halten, ist neben der inhaltlichen Zusammenfassung ein Ansprechen der deutlich gewordenen Gefühle und Emotionen. Doch Vorsicht! Gerade hier ist die Gefahr der Fehlinterpretation besonders groß. Seien Sie dabei also besonders vorsichtig und formulieren Sie Ihre Rückmeldung so, dass sie deutlich als „Eindruck" verstanden wird. Auch die Form einer Frage ist hier angemessen.

BEISPIEL

Beispiele für vorsichtig formulierte Rückmeldungen

- *„Da haben Sie sich ziemlich geärgert, oder?"*
- *„Liege ich richtig, wenn ich sage, dass ...?"*

4. Schweigen als Gesprächstechnik

Die peinliche Pause

Und über all diesen aktiven Techniken sollten Sie eine Regel nie vergessen: Lassen Sie Ihrem Gegenüber genügend Zeit zu antworten! Reden Sie nicht doch wieder selbst weiter, nur weil Ihnen die Stille am Tisch zu lange und unangenehm wird. Schließlich sind Sie es, der auf eine Antwort wartet und dessen Gehirn sich gerade im Leerlauf befindet. Ihnen kommt die Pause subjektiv betrachtet viel länger vor als sie tatsächlich ist. Ihr Gesprächspartner dagegen sucht nach einer Antwort – ihm kommt die Pause eher kürzer vor als sie tatsächlich ist.

4.3 Was es zu vermeiden gilt

Häufige Fehler

Soweit die verschiedenen Techniken, die Sie einsetzen sollten. Vor anderen Dingen möchte ich Sie dagegen ausdrücklich warnen, weil sie den Gesprächspartner von einem freien Erzählen und einem freien Spinnen seiner Gedanken eher abhalten.

TIPP

Tipps für die Praxis

- Fragen Sie nicht sofort und direkt nach. Sie werfen Ihr Gegenüber sonst aus dem Roten Faden seiner Gedanken. Auf diese Weise fallen häufig gute Ideen unter den Tisch.
- Bringen Sie nicht zu schnell eigene Lösungen und Antworten. Schließlich wollen Sie ja wissen, wo Ihr Gegenüber steht.
- Vermeiden Sie zunächst einmal alles Beurteilen, Abwiegeln oder Beschwichtigen. Erst wenn der Sachverhalt aus Sicht Ihres Gegenübers klar ist, kann mit der eigentlichen Diskussion und Lösungssuche begonnen werden.
- Interpretieren Sie die Aussagen nicht. Fassen Sie sie nur zusammen oder machen Sie Ihre Rückmeldung im Zweifelsfall in Frageform.
- Starten Sie nicht sofort einen Gegenangriff, wenn Ihnen die Aussagen des anderen nicht gefallen. Erst wenn Sie genau wissen, wo dem andern der Schuh drückt, können Sie auf seine Aussagen eingehen – und selbst dann lieber nicht in Form eines Gegenangriffs.

5 Was tun, wenn es schwierig wird?

Unfaire Mittel

Verglichen mit einer Präsentation ist eine Verhandlung weit weniger gut planbar – schließlich sitzt auf der anderen Seite des Tisches jemand, der eigene Ziele und Interessen verfolgt. Dies gilt insbesondere bei Verhandlungspartnern – oder dann besser -gegnern –, die auch unfaire Mittel einsetzen, um ihre Ziele zu erreichen. Doch auch hier gilt: Die beste spontane Reaktion ist immer die, die wir in aller Ruhe vorbereitet haben.

Natürlich entspricht die Verwendung unfairer Mittel in keiner Weise der eigentlich anzustrebenden vertrauensvollen Zusammenarbeit. Die Hauptfrage in diesem Abschnitt lautet daher immer: Wie können Sie sich gegen den Einsatz unfairer Methoden zur Wehr setzen? Und was können Sie tun, um das Gespräch dennoch zu einer ruhigen und sachlichen Argumentation zurück zu führen?

Damit dies möglich ist, ist es zunächst notwendig, die wichtigsten und gängigsten unfairen Praktiken zu kennen und in der Verhandlung zu erkennen. Dazu dient die folgende Übersichtsliste (unter 5.1), die natürlich keinen Anspruch auf Vollständigkeit erhebt.

Praktische Hinweise

Meine Empfehlung lautet hier: Ergänzen Sie diese Liste nach jeder Ihrer Verhandlungen und überlegen Sie sich an Hand der generellen Reaktionsmöglichkeiten, wie Sie reagieren möchten, wenn Sie erneut mit dieser Art unfairer Verhandlungsführung konfrontiert werden.

Sie werden vermutlich sehr schnell feststellen, dass es sehr wenige Menschen gibt, die hier sehr kreativ sind. Die meisten Verhandlungsführer haben nur ein sehr kleines Repertoire an Mitteln, das sich ständig wiederholt. Und da die Ansprechpartner für die meisten Betriebsräte eher selten wechseln, können Sie sich auch in dieser Hinsicht sehr gut auf Ihr Gegenüber einstellen.

Denken in Eskalationsstufen

Dabei sollten Sie allerdings von Fall zu Fall entscheiden, in welche Eskalationsstufe Sie mit Ihrer Reaktion einsteigen wollen. Schließlich macht es schon einen Unterschied, ob ein unfaires Verhalten einmal auftaucht oder ob Ihr Gegenüber eine permanente Taktik der Verunsicherung und Ablenkung einsetzt. Einige grundsätzliche Reaktionsweisen stelle ich Ihnen im Folgenden vor. Wie sich diese variieren lassen, um bestimmte Taktiken zu entschärfen, lernen Sie dann anschließend.

5.1 Grundsätzliche Reaktionsmöglichkeiten

Überhören und ignorieren

Nicht aus dem Konzept bringen lassen

Manche unfaire Taktiken sind nicht mehr als ein Versuchsballon: Mal sehen, wie der andere reagiert. Daher gilt als erste Gegenstrategie: Lassen Sie sich nicht aus dem Konzept bringen. Überhören Sie beispielsweise einen persönlichen Angriff erst einmal und machen Sie mit dem weiter, was Sie gerade angefangen haben. Der Schlag geht auf diese Weise erst einmal ins Leere und mit etwas Glück ist der Angriff damit bereits vom Tisch. Ignorieren ist in diesem Fall kein Zeichen von Schwäche, sondern von Souveränität und Selbstvertrauen.

Eigene Spielregeln aufstellen

Unerwünschte Reaktionen zeigen

Mit der gleichen Begründung, mit der Sie die Regel „Du sollst eine Frage nicht mit einer Gegenfrage beantworten" aus Ihrem Gedächtnis gestrichen haben, sollten Sie auch auf Attacken der Gegenseite exakt nicht so reagieren, wie diese das gerne hätte. Wenn Sie beispielsweise merken, dass Ihr Gegenüber Sie ausfragen möchte, sollten Sie stattdessen Gegenfragen stellen. Wenn Sie den Eindruck haben, dass Ihr Gegner Sie durch persönliche Angriffe verunsichern will, sollten Sie gerade in dieser Phase ruhig bleiben und weiter sachlich argumentieren. Schließlich erfolgen derartige Angriffe vor allem dann, wenn Ihrem Gegenüber keine guten Sachargumente mehr zur Verfügung stehen.

Das Vorgehen als Taktik entlarven

Problem als solches ansprechen

Wenn die bisherigen Ideen nichts mehr nutzen, weil Ihr Gegenüber sein unfaires Verhalten fortsetzt, können Sie einen Schritt weiter gehen: Entlarven Sie die Taktik als unfair. Zeigen Sie, dass Sie die Unfairness als solche erkannt haben. Sie signalisieren damit, dass Sie sich von solch billigen Tricks nicht aus der Ruhe bringen lassen. Im Vier-Augen-Gespräch können Sie Ihr Gegenüber anschließend zu einer Stellungnahme auffordern: *„Ich sehe schon, Sie schalten hier auf stur, nur: so kommen wir nicht weiter ..."* In größeren Runden können Sie darüber hinaus versuchen, den Rest der Gruppe auf Ihre Seite zu ziehen: *„Wir befinden uns gerade in einer mit persönlichen Angriffen geführten Diskussion. Doch damit kommen wir unserem Ziel in keinster Weise näher. Daher die Frage: Gibt es noch weitere*

Sachargumente ..." Brechen Sie in diesem Fall den Blickkontakt zum Störer ab und bringen Sie potentielle Bündnispartner ins Gespräch.

Abbruch

Das letzte Mittel, wenn alles nichts mehr hilft, ist der Abbruch der Verhandlung. Ein Abbruch kann vor allem dann nützlich sein, wenn die Chance besteht, bei einem Folgetermin mit neuen Informationen, Argumenten oder Gesprächspartnern einzusteigen. Denken Sie dabei auch immer an den Satz Herbert Wehners: „Wer rausgeht, muss auch wieder reinkommen." Und für diesen Augenblick sollten Sie sich nicht alle Möglichkeiten verbauen.

TIPP

Lesetipp

Auch zu diesem Thema gibt es verschiedene mehr oder weniger praxistaugliche Bücher. Sehr empfehlenswert ist in jedem Fall das folgende Buch:
Ury, Nein sagen und trotzdem erfolgreich verhandeln, Frankfurt 2009.

Für zwei weit verbreitete Blockadetaktiken möchte ich Ihnen im Folgenden ausführliche Hinweise zur Reaktion geben: Zu Killerphrasen und zu persönlichen Angriffen. Im Anschluss daran habe ich Ihnen noch eine Liste weiterer unfairer Mittel zusammengestellt, mit denen Sie konfrontiert werden könnten. Auch hier wird es vor allem um die Frage gehen, wie Sie sich in diesem Fall am besten zur Wehr setzen.

5.2 Zum Umgang mit Killerphrasen

Killerphrasen sind Gesprächskiller

Wer bei Sacheinwänden bereits weiche Knie bekommt, bei dem müssen Anmerkungen wie die folgenden wahre Alpträume hervorrufen.

BEISPIEL

Beispiele für Killerphrasen

- *„Das sehen Sie nun wirklich völlig falsch!"*
- *„Dieser Vorschlag ist doch absolut indiskutabel!"*
- *„Darüber brauchen wir im Moment gar nicht erst zu reden."*

Alles schon mal gehört? Die besten Argumente schützen manchmal nicht davor, dass die Angesprochenen versuchen, alle durchdachten und wohlgemeinten Vorschläge und Ideen mit Sätzen wie diesen beiseite zu schieben. Sätze dieser Art werden daher „Killerphrasen“ oder auch „Totschlagargumente“ genannt. Eine direkte sachliche Widerlegung läuft unter diesen Umständen ins Leere.

Wer Sätze dieser Art benutzt, verfolgt in der Regel mehrere Ziele: Zum einen möchte er der Gegenseite den Wind aus den Segeln nehmen, um damit für ihn unangenehme Themen aus dem Gespräch herauszuhalten. Zum anderen möchte er die Gegenseite in eine Position der Rechtfertigung bringen, die ihm wiederum neue Informationen und/oder neuen Stoff zum Einhaken liefert.

Natürlich ist beides nicht akzeptabel, wenn in der anstehenden Verhandlung noch irgendwelche Ergebnisse erzielt werden sollen. Sie dürfen weder zulassen, dass Ihre guten Argumente nicht zur Sprache kommen, noch sollten Sie der Gegenseite zu viel Angriffsfläche bieten. Es ist daher wichtig, dass Sie Strategien kennen, um elegant über derartige Gesprächsblockaden hinweg zu kommen. Drei wichtige Hinweise können hier helfen:

Starten Sie keinen Gegenangriff!

Nicht in die Falle laufen

Vermeiden Sie in der Reaktion auf Killerphrasen alle Vorwürfe und Schuldzuweisungen – egal wie berechtigt sie auch im Einzelfall sein mögen. Angriffe wie *„Mit Ihnen kann man einfach nicht diskutieren!“* helfen nicht weiter, sondern provozieren nur noch größere Blockaden. Schließlich muss sich der so Angegriffene jetzt doppelt verteidigen: In Sachfragen und in persönlichen Rechtfertigungen. Letztlich hat Ihr Verhandlungspartner damit genau das erreicht, was er erreichen wollte: Eine Sachlösung rückt in weite Ferne.

Spielen Sie den Schwarzen Peter zurück!

Raus aus der Defensive

Um zu einer sachbezogenen Diskussion zurückzukommen, sollten Sie die Kompetenz Ihres Verhandlungspartners zu den aufgeworfenen Problemen ansprechen. Machen Sie die Erfahrungen und Kenntnisse der anderen Seite zum Thema des Gesprächs. Animieren Sie die Gegenseite zur Darstellung ihrer Sicht der Dinge. Dieses Vorgehen ermöglicht es Ihnen wiederum, auch Ihre Sicht der Dinge wieder in einer sachlichen Atmosphäre zu vertreten, ohne gegen persönliche und emotionale Barrikaden angehen zu müssen.

In vielen Fällen werden Sie feststellen, dass Ihre Gesprächspartner die pauschalen Angriffe der Killerphrasen gar nicht begründen können. Auch und gerade dann gilt: Keine Gegenangriffe starten. Wenn Sie hier auf einer Begründung bestehen, dann wird Ihr Gegenüber irgendwann auch eine finden. Nur sachbezogen ist diese selten. Sie laufen also Gefahr, hier nur eine neue Front aufzubauen und die eigentlichen Inhalte der Verhandlung in den Hintergrund treten zu lassen. Sollten Sie also feststellen, dass Ihr Verhandlungspartner keine näheren Angaben liefern kann, dann ist es immer noch am besten, wenn Sie die Killerphrase einfach ignorieren. Meistens ist sie dann auch vom Tisch.

Formulieren Sie offene Fragen!

Zurück zur Sachfrage

Die Formulierung offener Fragen ist auch in diesem Zusammenhang das Zaubermittel schlechthin. Sie zwingt Ihr Gegenüber, präzisere Angaben zu seinen pauschalen Vorwürfen zu machen. Kann er dies, dann setzt an dieser Stelle wieder die Sachargumentation ein (siehe dazu Kapitel 2 Abschnitt 2.2) Kann er dies nicht – was viel wahrscheinlicher ist – dann gehen Sie stillschweigend über die Blockade hinweg und zurück zur Sachdiskussion.

BEISPIEL

Beispiele für Antworten auf Killerphrasen

- *„Wie stellt sich der Sachverhalt denn für Sie dar?"*
- *„Was gefällt Ihnen denn an unserem Vorschlag nicht?"*
- *„Was spricht denn dagegen, uns heute zu einigen?"* oder (eventuell nachgeschoben, wenn tatsächlich berechtigte Gründe vorliegen): *„Wann sollen wir denn darüber reden?"*

5.3 Reaktion auf persönliche Angriffe

Die andere Seite weiß nicht mehr weiter

Während es bei Killerphrasen noch verhältnismäßig leicht fällt, ruhig zu bleiben und zur Sachdiskussion zurückzukehren, sind persönliche Angriffe oft schwerer zu kontern. Der Grund dafür liegt nicht darin, dass es hier nicht auch erfolgreiche Rezepte gäbe – die gibt es tatsächlich. Die Ursache ist vielmehr, dass es uns gerade bei persönlichen Angriffen am schwersten fällt, ruhig und souverän zu reagieren. Dies ist auch der Grund dafür, dass gerade derartige kleinere oder größere Sticheleien unter der Gürtellinie von manchen Gesprächspartnern gezielt eingesetzt werden, um die Gegenseite zu verunsichern, aus der Ruhe zu bringen und von guten Sachargumenten abzulenken.

In der Form gleichen viele persönliche Angriffe oft den oben besprochenen Killerphrasen: Pauschale, nicht näher erläuterte Anmerkungen, die in die Form selbstverständlicher Weisheiten gekleidet sind.

BEISPIEL

Beispiele für Sticheleien unterhalb der Gürtellinie

- *„Sie können das ja überhaupt nicht beurteilen."*
- *„Sie haben gut reden. Wenn es schief geht, will wieder keiner was damit zu tun gehabt haben."*
- *„Mit Ihnen kann man ja ohnehin nicht sachlich diskutieren."*

Perfide Spitzen

Noch perfider sind in diesem Zusammenhang kleine, in an sich sachliche Gesprächsbeiträge eingebaute Spitzen – oft nur winzige Anmerkungen, mit denen einzelne Teilnehmer vor der Gruppe bloß- und damit auch kaltgestellt werden sollen.

BEISPIEL

Beispiele für perfide Spitzen

- *„Die Vorschläge von X, die uns ja leider wieder einmal ein wenig spät erreicht haben, ..."*
- *„Was unser junger Freund ja noch nicht wissen kann ..."*
- *„Hier haben wir ja ausnahmsweise mal einen guten Vorschlag ..."*

Das Gemeine an persönlichen Angriffen ist, dass man sich gegen sie nicht so ohne weiteres wehren kann, ohne selbst derjenige zu sein, der von der Sachproblematik abweicht. Der oft damit verbundene gönnerhafte Ton erschwert eine Reaktion darauf zusätzlich.

Was ist zu tun? Das Wichtigste ist, der Gegenseite nicht ins offene Messer zu laufen. Wenn Sie provoziert werden, ist damit die Hoffnung verbunden, dass Sie sich auch provozieren lassen, dass Sie ebenfalls unsachlich werden und losschimpfen. Später weiß schließlich niemand mehr, wer mit der Streiterei angefangen hat. Ihre guten Argumente aber sind vom Tisch. Diesen Gefallen sollten Sie der Gegenseite also mit Sicherheit nicht tun. Die wichtigste Regel lautet daher:

Lassen Sie sich nicht provozieren.

Möglichkeiten der Gegenwehr

Dieser Hinweis bedeutet jedoch nicht, dass es nicht auch Möglichkeiten zur Gegenwehr gibt. In der Praxis am besten bewährt hat sich ein abgestuftes Vorgehen, bei dem Sie zunächst zeigen, dass Sie über derartige Angriffe erhaben sind, bei hartnäckigen Attacken jedoch schrittweise die Störung zum Thema machen. Im Einzelnen könnte dies so aussehen:

Überhören und ignorieren Sie die Attacke.

Nicht in die Falle laufen

Stehen Sie zunächst souverän darüber. Reden Sie sachlich weiter und tun Sie so, als wäre nichts gewesen. Dies ist keine Feigheit, sondern vermeidet überflüssige Diskussionen. In vielen Fällen genügt es bereits, wenn Ihr Gegenüber merkt, dass die Provokation nicht die erhoffte Wirkung erzielt hat. Schließlich sind viele persönliche Angriffe einfach nur ein Versuchsballon nach dem Motto: Sehen wir mal, wie er reagiert.

Natürlich wissen wir, dass das leichter gesagt als getan ist. Damit es Ihnen auch bei persönlichen Angriffen gelingt, drüber zu stehen, sollten Sie sich Folgendes vor Augen halten: Wer hat wohl am ehesten ein Interesse an einer unsachlichen, persönlichen Diskussion? Doch wohl der, der selbst keine guten Sachargumente hat. Gerade wenn es droht hitzig zu werden, liegt Ihre Chance in der Rückkehr zu Ihrer eigentlichen Stärke – den Sachargumenten. Daher sollten Sie den Angriff nicht nur ignorieren, spielen Sie auch hier mit offenen Fragen zum Sachverhalt den Schwarzen Peter zurück zum Verhandlungspartner.

Kehren Sie die Beweislast um.

Zurück zur Sachfrage

Im Gegensatz zu anderen Killerphrasen empfiehlt es sich bei persönlichen Angriffen nicht, den pauschal erhobenen Vorwurf zum Inhalt einer Gegenfrage zu machen. Die Gefahr ist sonst groß, dass statt über die Sachinhalte nun über Ihre Person, Ihre Fachkompetenz oder Ihre bisherige Arbeit diskutiert wird. Dabei haben Sie nichts zu gewinnen, aber viel zu verlieren. Denken Sie daran: Ihr Gegenüber greift Sie an, wenn er keine guten Argumente oder Alternativen zu Ihren Sachaussagen hat. Packen Sie ihn hier, indem Sie nach Sachalternativen oder Gründen für die Ablehnung fragen. Reaktionen auf die oben formulierten drei Angriffe könnten sein:

BEISPIEL

Beispiele für denkbare Reaktionen

- *„Was konkret gefällt Ihnen an meinem Vorschlag nicht?"*
- *„Was könnte denn Ihrer Meinung nach schief gehen?"*
- *„Welchen Vorschlag hätten Sie zur Lösung des Problems?"*

Manchmal lohnt es sich, diese Fragen nicht an den Angreifer selbst zu richten, sondern an andere Vertreter der Gegenseite. Dieses Vorgehen ist vor allem dann empfehlenswert, wenn Sie den Eindruck haben, dass nicht alle am Tisch die ablehnende Haltung teilen.

Versuchen Sie es mit entwaffnender Selbstironie.

Fehler eingestehen

Falls die Sticheleien fortgesetzt werden, bleibt Ihnen kaum eine andere Wahl, als sie anzusprechen. Am souveränsten wirkt dabei der, der tatsächliche Fehler eingestehen kann, bei anderen Vorwürfen aber nicht gleich auf die Barrikaden geht. Versuchen Sie daher, die „Schmunzler" auf Ihre Seite zu ziehen. Machen Sie deutlich, dass der Angriff von Ihnen verstanden wurde, seine Wirkung aber verpufft. Achten Sie darauf, dass der Witz nicht zu einseitig auf den Angreifer zurückfällt. Denn das könnte die Fronten weiter verhärten. Auf die letzten drei oben formulierten Angriffe könnten mögliche Reaktionen daher folgendermaßen aussehen:

BEISPIEL

Beispiele für mögliche Reaktionen

- *„Die Unterlagen, die Sie unseretwegen heute leider alle ein wenig schneller lesen mussten ..."*
- *„Ja, wir jugendlichen Endvierziger sind vielleicht manchmal ein wenig zu impulsiv ..."*
- *„Auf ein Lob von dieser Seite haben wir kaum noch zu hoffen gewagt ..."*

Allerdings funktioniert diese Strategie nur, solange die Atmosphäre noch nicht zu sehr angespannt ist. Ironie kann sonst sehr leicht als Hohn und Spott verstanden werden und die Stimmung zusätzlich vergiften.

Appellieren Sie an die Sachlichkeit.

Störung zum Thema machen

Selbstironie ist nicht jedermanns Sache. Nicht in jedem Augenblick fallen uns wirklich gute Reaktionen ein. Was Sie jedoch immer unternehmen können, ist die Störung selbst auch hier zum Gesprächsthema zu machen. Appellieren Sie an Ihre Gesprächspartner, die Diskussion auf einer sachlichen Basis fortzusetzen. Machen Sie deutlich, dass ein Stil persönlicher Sticheleien das gemeinsame Ziel gefährdet. Legen sie auch hier gemeinsam mit den anderen neue Spielregeln für das weitere Vorgehen fest. In aller Regel ist die Gruppe mit einer Atmosphäre persönlicher Angriffe selbst unzufrieden. Sie haben auf diesem Weg die Möglichkeit, Ihren Kontrahenten zu isolieren und Bündnispartner zu gewinnen.

BEISPIEL

Beispiel für einen Appell an die Sachlichkeit

„Ich muss hier mal kurz einhaken. Wir sind uns doch einig darüber, dass uns Sticheleien und gegenseitige Angriffe in der Sache nicht weiterbringen. Daher mein Vorschlag: Konzentrieren wir uns im weiteren Verlauf auf Anmerkungen zu den anstehenden Fragen ...“

Versuchen Sie, die Situation durch ein Vier-Augen-Gespräch zu klären.

Ein anderer Rahmen

Es bleibt die Frage, was zu tun ist, wenn gar nichts mehr hilft, wenn das Gespräch aufgrund der persönlichen Querelen wohl nicht mehr zu retten ist. Dann empfiehlt sich ein klärendes Vier-Augen-Gespräch, um den Zwist nicht bei jedem Treffen wieder neu aufflammen zu lassen. Gegebenenfalls können Sie dazu auch eine neutrale, von beiden Seiten respektierte Person hinzuziehen. Denken Sie aber daran: Nicht jeder Konflikt lässt sich in Luft auflösen. Sehr häufig genügt es aber, die Beweggründe des anderen besser kennen zu lernen. Sie müssen sie ja nicht teilen, vielleicht können sie aber den einen oder anderen Grund zumindest akzeptieren. Und außerdem: Sich die Antipathie einer anderen Person gegenüber bewusst zu machen, macht den Kopf schon frei für sachliche Argumente.

5.4 Weitere unfaire Verhandlungsmethoden

Was es sonst noch gibt

Killerphrasen und persönliche Angriffe sind nicht die einzigen Methoden, die Gegenseite von einer sachlichen und argumentativen Diskussion abzubringen. Gerade im Kontakt zwischen Betriebsrat und Arbeitgeber gibt es jede Menge kleine oder größere Sticheleien, Provokationen und Versuche, sich Vorteile in der Verhandlung zu verschaffen. Auch hier gilt: Die wichtigsten sollten Sie kennen. Dazu dient die folgende Zusammenstellung, die nicht vollständig ist und auch nicht sein kann. Zu allen vorgestellten „Spielchen" finden Sie in der Regel mehrere Reaktionsmöglichkeiten. Die gewählte Reihenfolge entspricht der zunehmenden Eskalation, die damit verbunden ist. Ausgangspunkt der Überlegung, wie Sie weiter vorgehen, ist dabei immer die Frage: Wie lässt sich trotz der Störmanöver eine sachlich fundierte Verhandlung retten? Welche der Reaktionsmöglichkeiten Sie jeweils wählen, hängt darüber hinaus vom Typ Ihres Gegenübers ab. Nicht jede Reaktionsweise ist für jeden Ansprechpartner gleich geeignet.

Ihr Verhandlungspartner lässt Sie nicht zu Wort kommen.

Dominante Gesprächspartner

- Leiten Sie Ihre Beiträge ein mit Anmerkungen, die Neugierde wecken können *(„Wir haben eines bisher völlig vergessen ...")*. Sprechen Sie Ihre Gesprächspartner direkt an *(„Ich möchte gern an den Punkt anknüpfen, den Sie, Herr Meier, vorhin ins Spiel gebracht haben ...")*.
- Kündigen Sie an, wenn Sie mehrere Dinge ansprechen wollen *(„Zwei Argumente sind hier besonders wichtig. Erstens ...")*. Ohne diese Ankündigung laufen Sie Gefahr, dass bereits nach dem ersten Argument sofort in die Diskussion eingestiegen wird.
- Schließen Sie Ihre Ausführungen mit einem zusammenfassenden Schluss- oder Zielsatz ab, mit dem Sie Ihre Aussage noch einmal auf den Punkt bringen *(„Daher nochmals mein Appell an Sie ...")*.

Fakten werden gefälscht oder verzerrt.

Verfälschte Fakten

- Seien Sie misstrauisch und lassen Sie sich zur Kontrolle die entsprechenden Angaben konkretisieren (genaue Zahlen, Quellen, Belege etc.). Sie werden dadurch leichter nachprüfbar.
- Spielen Sie auf Zeit, um sich die Möglichkeit zu schaffen, vor einer Entscheidung die Fakten zu prüfen und gegebenenfalls Gegendaten vorzulegen.

Die Gegenseite liefert Informationen nicht, zu denen sie eigentlich verpflichtet wäre.

- Versuchen Sie, auch andere Quellen für Informationen anzuzapfen. Dies können „Tipps“ von Mitarbeitern sein, öffentlich zugängliche Informationsquellen (Bilanzen, Aktionärsberichte, Presseveröffentlichung etc.), oder Informationen des Wirtschaftsausschusses.
- Setzen Sie im Zweifelsfall Fristen. Lassen Sie – als letztes Mittel – die Informationspflicht rechtlich überprüfen.
- Verschieben Sie die Bearbeitung des Themas so lange, bis Sie alle Informationen komplett haben.

Die Gegenseite versucht, im Vorfeld „persönliche“ Aussagen aus einzelnen Betriebsratsmitgliedern „herauszukitzeln“, die dann während der Verhandlung ausgespielt werden.

- Vermeiden Sie alle Aussagen (auch jede „persönliche“), so lange es noch keinen Betriebsratsbeschluss gibt.
- Halten Sie sich gegenseitig auf dem Laufenden, wer vom Arbeitgeber zu welchem Thema konkret angesprochen wurde. Sie vermeiden so gegenseitige Verdächtigungen und Missverständnisse.
- Achten Sie bei allen Verhandlungen immer darauf, von „wir“ und „unser“ zu sprechen, um nach außen als Team aufzutreten.

Die Gegenseite versucht, den Betriebsratsvorsitzenden in Vier-Augen-Gesprächen auf die eigene Seite zu ziehen.

- Vier-Augen-Gespräche sind an sich nichts Schlimmes – sofern sie dem Informationsaustausch dienen und nicht der Beschlussfassung. Auch hier gilt daher: Keine Aussagen entlocken lassen, so lange der Betriebsrat nicht getagt hat.
- Der Betriebsratsvorsitzende sollte das Gremium über jedes Treffen auf dem Laufenden halten, um Missstimmungen oder Verdächtigungen zu vermeiden.
- Wenn es überraschend doch mehr wird als ein reiner Informationsaustausch, sollte das Gespräch kurz unterbrochen werden, um ein weiteres Betriebsratsmitglied hinzuzuziehen.

Die Gegenseite schickt einen Verhandler mit unklarer oder ohne Entscheidungsbefugnis.

Unklare Entscheidungsbefugnis

- Fragen Sie nach, um zu klären, wie weit die Befugnisse Ihres Gegenüber gehen.
- Machen Sie eine kurze Auszeit, damit er die Ergebnisse mit seinem Chef klären kann. Drücken Sie ihm gegebenenfalls Ihr Handy in die Hand, um eine schnelle Rückmeldung zu bekommen.
- Vertagen Sie, aber nicht ohne konkrete „Hausaufgaben". Entwickeln Sie eine möglichst konkrete Entscheidungsvorlage und versuchen Sie den Beschluss so zu formulieren, dass die Gegenseite von sich aus aktiv werden muss, um etwas zu ändern:
- *„So weit unser Vorschlag. Wenn ich bis zum x.y. nichts von Ihnen höre, dann werden wir uns an die Umsetzung machen."*

Die Gegenseite präsentiert Ihnen überraschend neue Fakten und Informationen (oft kombiniert mit künstlichem Zeitdruck).

Neue Faktenlage

- Schaffen Sie sich die Zeit für eine Prüfung (Auszeit oder Vertagung). Sie können mit offenen Karten spielen *(„Das muss ich erst prüfen ...")*. Sie können aber auch Gründe vorschieben *(„In dieser Frage haben wir keine Entscheidungskompetenz ...")*.
- Versuchen Sie im Notfall, sich eine kleine Frist für die Gültigkeit der Beschlüsse zu verschaffen und formulieren Sie Ihre Bedenken als einschränkende Klausel: *„Nehmen wir das vorerst einmal als Entscheidungsgrundlage. Ich werde die Punkte X und Y prüfen und teile Ihnen dann bis spätestens übermorgen mit, ob wir hier mitziehen können ..."*

Die Gegenseite liefert dem Betriebsrat zwar Informationen, besteht jedoch auf einer Geheimhaltung der Belegschaft gegenüber.

- Auch hier gilt: Das muss nicht immer eine unfaire Taktik sein. Sinnvoll ist es, eine konkrete Begründung zu erfragen, warum die Information nicht weitergegeben werden kann.
- Wenn dieses Vorgehen häufig als taktisches Mittel eingesetzt wird, bietet sich auch als Reaktion an: *„Dann wollen wir das auch gar nicht wissen."*

Die Gegenseite kommt mit einer für Sie ungünstigen Tagesordnung (Pseudostreitpunkte zuerst, Wichtiges zum Schluss).

Ungünstige Tagesordnung

- Versuchen Sie gleich zu Beginn, die Tagesordnung in Ihrem Sinne zu ändern.
- Legen Sie den zeitlichen Rahmen für das Treffen fest: Wie viel Zeit steht insgesamt zur Verfügung (um einen plötzlichen Aufbruch der Gegenseite zu verhindern), wie ist der Zeitplan für einzelne Tagesordnungspunkte?
- Achten Sie auf eine genaue Einhaltung dieses Zeitplans. Verweisen Sie im Zweifelsfall immer wieder auf die gemeinsam formulierten Absprachen.

Die Gegenseite lenkt vom eigentlichen Thema ab.

Ablenkung vom Thema

- Machen Sie eigene Redebeiträge zum Thema.
- Knüpfen Sie an Aussagen an, die noch zum Thema gemacht wurden, und stellen Sie konkrete Fragen dazu: *„Ich möchte noch einmal auf Ihre Aussage von vorhin eingehen. Wie haben Sie sich das konkret vorgestellt ...?“*
- Sprechen Sie die Abweichung vom Thema offen an: *„Wir sind jetzt doch ein wenig abgekommen von unserem eigentlichen Anliegen ...“.*

Ihre Aussagen werden absichtlich missverstanden und falsch interpretiert.

Taktisches Missverstehen

- Stellen Sie Ihre Aussagen sofort richtig – auch auf die Gefahr hin, den anderen zu unterbrechen.
- Formulieren Sie sinngemäß *„Da habe ich mich wohl falsch ausgedrückt ...“,* wenn Sie nicht sicher sind, ob eine bewusste unfaire Taktik vorliegt.
- Sprechen Sie offen an, was gerade passiert, wenn die Gegenseite Sie offensichtlich nicht verstehen will: *„Ich merke schon, meine Aussagen an dieser Stelle gefallen Ihnen wohl nicht, wenn Sie sie gar nicht verstehen wollen ...“*

Ihr Verhandlungspartner formuliert seine Aussagen bewusst schwer verständlich.

Schwer verständliche Formulierungen

- Fragen Sie nach – auch auf die Gefahr hin, der einzige Dumme im Raum zu sein. Lieber einmal dumm gefragt, als den Rest der Verhandlung mit unklaren Informationen führen zu müssen.
- Stellen Sie geschlossene Fragen, wenn Sie zumindest glauben, den anderen verstanden zu haben: *„Habe ich Sie richtig verstanden: Ihnen geht es also um ...?“*
- Stellen Sie offene Fragen, wenn Sie gar nicht wissen, auf was der andere hinaus will. Fragen Sie dabei aber nicht nach einer Wiederholung der Aussagen, sondern nach deren Anknüpfungspunkten: *„Auf welchen Punkt unseres Vorschlages beziehen Sie sich konkret?“*

Ihr Gesprächspartner beantwortet Ihre Fragen nicht.

Fehlende Antworten

- Stellen Sie vorbeugend immer nur eine Frage auf einmal und geben Sie Ihrem Gesprächspartner genügend Zeit, sich eine Antwort zu überlegen.
- Wiederholen Sie Ihre Frage im Zweifelsfall auch ein zweites oder drittes Mal. Verändern Sie dabei aber nicht die Formulierung, sonst braucht es wieder neue Bedenkzeit.
- Wenn alles nichts hilft, dann fragen Sie: *„Herr XY, wollen Sie meine Frage eigentlich nicht beantworten oder können Sie nicht?“*

Der äußere Rahmen sorgt für zusätzlichen Stress.

Stress von außen

- Machen Sie sich bewusst woher das damit verbundene negative Gefühl kommt.
- Schalten Sie – wenn möglich – die Stressfaktoren aus (Platz wechseln, Türe schließen ...).
- Versuchen Sie, für die weiteren Treffen ein „Heimspiel“ zu arrangieren.

Die Gegenseite versucht, Sie durch bohrendes Fragen aus dem Konzept zu bringen.

Bohrendes Fragen

- Stellen Sie Fragen zurück, bis Sie Ihre Aussagen im Zusammenhang vorgebracht haben.
- Verweisen Sie in größeren Runden auf ein Vier-Augen-Gespräch.
- Reagieren Sie mit Gegenfragen, um herauszufinden, warum der andere Ihre Vorschläge torpediert: *„Ich sehe schon, irgendetwas gefällt Ihnen an unserem Vorschlag nicht. Sagen Sie's gleich: Wo drückt der Schuh?"*

Ihre Glaubwürdigkeit und Kompetenz wird in Frage gestellt.

Behandeln von oben herab

- Ignorieren Sie auch diesen Vorwurf.
- Lassen Sie sich im Zweifelsfall an Hand Ihrer Sachaussagen belegen, was dem anderen nicht passt: *„Was konkret gefällt Ihnen denn an meinen Aussagen nicht?"*

Die Gegenseite zeigt massives Desinteresse.

Desinteresse

- Schweigen Sie, bis Sie den Blickkontakt des Gesprächspartners haben.
- Stellen Sie offene Fragen.
- Beschreiben Sie kurz Ihr Anliegen und formulieren Sie es als Entscheidungsgrundlage: *„Soweit unser Vorschlag. Wenn es von Ihrer Seite her keine Fragen mehr geben sollte (kurze Sprechpause), dann werde ich das unserer Betriebsleitung so mitteilen."*

Ihr Gegenüber stellt sich in jeder Hinsicht stur.

Sturstellen

- Lassen Sie sich den Standpunkt näher erläutern und stellen Sie offene Fragen.
- Fragen Sie nach konkreten Gegenvorschlägen.
- Suchen Sie sich neue Verhandlungspartner.

Die Gegenseite spielt das „Good-Guy-Bad-Guy-Spiel".

Rollenspiele

- Machen Sie sich bewusst, dass Sie es mit Rollen auf der Gegenseite zu tun haben.
- Lassen Sie sich in Ihren eigenen Aussagen von dieser Taktik nicht beeinflussen.
- Richten Sie vermittelnde Vorschläge immer an den Good-Guy. Sie erhalten so eher ein Ja oder Jain. Der Bad-Guy wird es dann schwerer haben, seinem eigenen Mitstreiter in den Rücken zu fallen. Umgekehrt erhalten Sie auf jeden Fall ein Nein – schließlich ist das die Rolle des „Bösen".

Die Gegenseite macht Pseudo-Angebote („Das kriegen wir dann schon").

Pseudo-Angebote

- Lassen Sie sich das Angebot näher erläutern: *„Was konkret planen Sie? Bis wann ist hier mit Ergebnissen zu rechnen?"*
- Nehmen Sie das Angebot ernst, drohen Sie aber mit Konsequenzen: *„Können wir das der Belegschaft also so mitteilen?"*

Die Gegenseite blockiert mit Vorwänden statt Einwänden.

Vorwände

- Fragen Sie nach den Konsequenzen, bevor Sie zu viel Zeit in eine Diskussion um Vorwände investieren, ohne dem Ziel näher zu kommen: *„Wenn wir dieses Problem aus der Welt schaffen, kann ich dann mit Ihrer Zustimmung rechnen?"* Erst wenn Sie auf diese Frage ein Ja bekommen haben, lohnt es sich, näher auf dieses Problem einzugehen.

Die Gegenseite hält getroffene Vereinbarungen nicht ein.

Nicht eingehaltene Vereinbarungen

- Achten Sie bei allen Vereinbarungen auf eine schriftliche Dokumentation der Ergebnisse.
- Versuchen Sie, das Protokoll immer zeitnah zu erstellen. Ideal ist ein Protokoll, das zum Ende der Verhandlungsrunde bereits fertig ist. Möglich wird dies, indem entweder der Schriftführer parallel am Laptop mitnotiert oder indem von Zeit zu Zeit eine Art Protokollpause eingelegt wird, in der die jeweiligen (Zwischen-)Ergebnisse festgehalten werden.

- Eine „ewige" To-do-Liste kann den moralischen Druck erhöhen. Alle Aufgaben werden mit konkretem Erledigungstermin festgehalten und bleiben bis zu ihrer tatsächlichen Erledigung auf der Liste. Diese Liste ist immer Bestandteil des Protokolls sowie der nächsten Einladung.

5.5 Wenn Sie gar nicht mehr weiter wissen

Keine Panik

Bleibt die Frage, was zu tun ist, wenn wir irgendwann überhaupt nicht mehr weiter wissen. Auch das kann schließlich an schlechten Tagen oder bei extrem ungünstiger Ausgangslage schon einmal vorkommen. Dennoch gilt auch in diesem Fall: Kein Grund zur Panik. Selbst dann haben Sie noch mindestens drei Reaktionen mit verschiedenen Eskalationsstufen zur Auswahl.

1. Themawechsel

Wechseln Sie das Thema, indem Sie selbst einen bisher noch gar nicht oder im Moment nicht diskutierten Aspekt aufgreifen. Besonders erfolgversprechend ist hier die Frageform, weil die Gegenseite dadurch am stärksten auf den neuen Aspekt hingelenkt wird.

- *„Wir haben einen Aspekt bisher völlig vergessen. Was halten Sie denn von dem Vorschlag ...?"*

2. „Alte" Aussage aufgreifen

Greifen Sie eine Aussage der Gegenseite auf, die schon länger im Gespräch zurückliegt. Das kann in diesem Fall auch ruhig ein wenig provozierend sein, schließlich soll Ihr Gegenüber gar nicht merken, dass Sie ihn gerade vom aktuellen Thema weg locken wollen.

- *„Ich muss aber leider noch einmal auf Ihre Aussage von vorhin zurückkommen. Nochmals: Diese Informationen stimmen so nicht ..."*

3. Abbruch

Und wenn auch das nicht klappt, dann brechen Sie das Gespräch an dieser Stelle ab. Das kann in Form einer Auszeit sein, falls Sie sich nur kurz mit Ihren Mitstreitern absprechen wollen. In diesem Fall können Sie auch mit ganz offenen Karten spielen und genau das als Begründung für die Auszeit vorbringen. Eventuell können Sie auch komplett vertagen. Die erfahrungsgemäß beste Begründung dafür lautet:

- *„Wir müssen diese neuen Ideen (Vorschläge, Argumente ...) zunächst einmal im Betriebsrat besprechen. Wann sollen wir uns wieder zusammensetzen?“*

TIPP

Lesetipp

Auch zum großen Bereich unfairer Verhaltensweisen ist natürlich schon einiges gedacht und geschrieben worden. Auch hier möchte ich stellvertretend ein Buch nennen, in das hineinzulesen sich lohnt:

Breunig, Professionell verhandeln. Ein Leitfaden für die erfolgreiche Gesprächsführung, 2. Auflage, Planegg 1998.

5.6 Konfliktsituationen

Effektives Konfliktmanagement

Verhandlungen, in denen um eine Sache gestritten wird, sind wegen der inhaltlichen Differenzen oft schwierig genug. Kleine persönliche Nadelstiche, die Verwendung von Killerphrasen oder taktische Spielchen sind zwar nicht schön, aber in Verhandlungen nicht generell zu vermeiden. Was jedoch, wenn die Emotionen hochkochen? Vor allem, wenn der Auslöser gar nicht unbedingt die Interessensgegensätze sind, sondern die Tatsache, dass sich die beteiligten Personen einfach nicht „riechen“ können? In diesem Fall ist eine neue Stufe der Eskalation erreicht. Wenn Sie die Verhandlung jetzt noch zum Erfolg führen wollen, ist ein effektives Konfliktmanagement erforderlich.

Zunächst ist dabei sehr wichtig, rechtzeitig beginnende Emotionen zu erkennen. Je früher hier steuernd eingegriffen wird, umso leichter lässt sich die Situation entschärfen. Typische Kennzeichen für beginnende Emotionen sind beispielsweise eine ausladendere Gestik, höhere und angespannte Stimmen, das Aneinander-vorbei-Reden ohne sich gegenseitig zuzuhören, ein Durcheinanderreden, ironische Anmerkungen oder persönliche Nadelstiche. Wann immer Sie feststellen, dass mehrere dieser Kriterien auftreten, sollten Sie auf die folgenden Punkte achten, um die Eskalationsspirale nicht weiter anzuheizen.

TIPP

Tipps zur Deeskalation von drohenden Konflikten

- Achten Sie darauf, die beteiligten Personen gerade *nicht* persönlich und direkt anzusprechen. Sie provozieren ansonsten persönliche Rechtfertigungen statt eine sachliche Auseinandersetzung.
- Formulieren Sie so genannte „Ich-Botschaften", wenn es um kritische Themen geht. So lässt sich die Aussage *„Sie lügen uns hier doch nur an!"* weniger emotional auch so formulieren: *„Uns liegen hier andere Informationen vor."*
- Vermeiden Sie alle „Nicht-Sätze". Weil unser Gehirn nicht „Nicht" denken kann, werden Aussagen wie *„Nehmen Sie es nicht persönlich ..."* oder *„Ich möchte Ihnen nichts unterstellen ..."* eben gerade als Angriff bzw. als Unterstellung verstanden.
- Benutzen Sie Ihren eigenen Bad-Guy (sofern Sie einen haben) immer nur im äußersten Notfall.
- Versuchen Sie immer, durch Blickkontakt und Fragen die Personen auf der Gegenseite stärker ins Gespräch zu bringen, die Ihnen ruhiger und entgegenkommender vorkommen. Unbewusst neigen wir in aller Regel eher dazu, uns mit dem emotionalsten oder aggressivsten Gesprächspartner auseinanderzusetzen, womit wir dessen Redeanteil noch weiter nach oben treiben.
- Und was nun bei länger aufgestauten persönlichen Differenzen? Versuchen Sie – wenn möglich – die Hitzköpfe nicht bei jeder Verhandlungsrunde wieder an vorderster Front aufeinander treffen zu lassen. Vielleicht kann ja jemand anderes die Verhandlungsführung übernehmen.

Moderator greift ein

Und wenn die Emotionen dennoch hoch gekocht sind? Dann ist es einmal mehr hilfreich, die Rollen des Verhandlungsführers und des Moderators getrennt zu haben. Denn nur jemand, die bis dahin nicht an den ausgetragenen Scharmützeln beteiligt war, hat eine Chance, steuernd und beruhigend auf die Verhandlung Einfluss zu nehmen. Appelle an die Sachlichkeit und an gemeinsame Ziele, eine Zusammenfassung der bisher erzielten Übereinkünfte (am besten schriftlich) sowie eine kleine Kaffeepause können zu Beruhigung beitragen. Wenn an einem Tag aber einmal gar nichts mehr geht, dann sollten Sie auch nicht zu lange mit einer Vertagung warten. Je länger ein von Emotionen geprägtes Gespräch läuft, desto größer wird die Gefahr, dass aus dem aktuellen Ärger heraus Dinge gesagt werden, die einem später leid tun, die aber Türen zuschlagen, die man beim nächsten Treffen erst wieder mühselig öffnen muss.

TIPP

Lesetipp

Natürlich kann das Themenfeld Konfliktmanagement hier nur am Rande gestreift werden. Weitere Tipps dazu, etwa, was Sie bei klärenden Vier-Augen-Gesprächen beachten sollten, oder wie sich die Rolle des Schlichters am besten ausüben lässt, finden Sie im folgenden Buch:

Schmidtberg, Erfolgreiches Konfliktmanagement im Betriebsrat, 3. Auflage, Seehausen 2015.

6 Tipps für die letzte Phase: Abschlusstechniken

Die Entscheidungsphase

Wie zu Beginn dieses Buches formuliert, gibt es spannende und weniger spannende Phasen einer Verhandlung: Phasen, die man auch mal laufen lassen kann und Phasen, die die volle Aufmerksamkeit erfordern. Der wahrscheinlich wichtigste Moment innerhalb des Verhandlungsablaufs ist die Phase, in der die Ergebnisse endgültig festgestellt werden. Hier entscheidet es sich, was tatsächlich rauskommt: Welche Ideen weitergetragen werden und welche in der Versenkung verschwinden, welche Positionen geräumt werden, welche Arbeitsaufträge daraus entstehen und wer sie übernimmt.

Aufmerksam bleiben bis zum Schluss

Auch hier gibt es einen weit verbreiteten Kardinalfehler: Viele Verhandlungsteilnehmer neigen dazu, in ihrer Aufmerksamkeit nachzulassen, wenn zum Schluss das Wörtchen „Zusammenfassung" auftaucht. Schließlich hat man es jetzt endlich geschafft und kann sich entspannt zurücklehnen. Das Gegenteil ist richtig: Wann immer Sie das Wort „Zusammenfassung" hören, sollten Sie mit besonders großer Aufmerksamkeit dabei sein. Denn jetzt werden Ergebnisse festgeklopft. Und nicht immer entspricht die Zusammenfassung exakt dem Diskussionsverlauf. Das ist manchmal böser Wille, häufig aber auch einfach ein Fall von Unachtsamkeit oder verschiedener Wahrnehmung des Gesagten. Seien Sie aber gerade in diesem Augenblick besonders hellhörig, um spätere Missverständnisse, weitere Diskussionen oder sonstigen Ärger zu vermeiden.

Besonderheiten im Betriebsratsalltag

Abschließend möchte ich Ihnen daher einige Tricks und Kniffe mit auf dem Weg geben, die Ihnen helfen Verhandlungen, die auf der Kippe stehen, auch in die richtige Richtung kippen zu lassen. Landläufig spricht man von Abschlusstechniken vor allem in Verkaufsgesprächen. Die hier dargestellten Taktiken sind jedoch speziell auf Verhandlungen zwischen Arbeitgeber und Betriebsrat ausgerichtet und berücksichtigen die dort auftretenden Besonderheiten: Zwei Fronten sitzen sich gegenüber, in der Regel verhandeln Teams, die sich über Jahre hinweg kennen, und es besteht häufig ein Zwang zur Einigung.

Die meisten der vorgestellten Techniken lassen sich auch kombinieren, wenngleich nicht immer alle gleichzeitig sinnvoll eingesetzt werden können.

6.1 Keine Gewinner-Verlierer-Spiele

Verlierer wollen Gewinner werden

Hand aufs Herz: Verlieren Sie gerne bei Verhandlungen? Vermutlich nicht, wie auch kaum jemand sonst freiwillig und gerne verliert. Sie werden Ihre Vorschläge und Ideen daher kaum durchbringen, wenn Sie Ihrem Gegenüber das Gefühl vermitteln, Sie selbst haben alles, er dagegen nichts erreicht. Diese allgemeine Regel effektiven Verhandelns gilt für Betriebsräte in besonderer Weise. Gerade hier gilt: Nach der Verhandlung ist vor der Verhandlung. Man sieht sich schließlich immer ein zweites Mal (und ein drittes und viertes ...). Wer dabei das Gefühl hat, eine Runde verloren zu haben, wird alles daran setzen, das nächste Mal auf der Gewinnerseite zu stehen. Das Ergebnis davon ist häufig, dass die Fronten auf Dauer verhärten und jede Seite nur noch ausschließlich das bekommt, was ihr nach dem Wortlaut des Gesetzes zusteht – und absolut nichts darüber hinaus.

Dem anderen das Gefühl zu vermitteln, auch Erfolge erzielt zu haben, ist eine Strategie, die Sie über die gesamte Verhandlung hinweg verfolgen sollten. Gerade in der Schlussphase steigt ihre Bedeutung. Schließlich muss Ihr Gegenüber zumindest teilweise mit den getroffenen Vereinbarungen zufrieden sein, damit er ihnen nicht nur zustimmt, sondern sie auch einhält – und nicht später wieder hintertreibt.

In der Praxis bedeutet dies:

Praktische Tipps

- Achten Sie darauf, im Zweifelsfall immer den ersten (schriftlichen) Entwurf vorzulegen. Das macht zwar mehr Arbeit, bringt aber einen verhandlungspsychologischen Vorteil: Wenn Ihr Entwurf den Ausgangspunkt bildet, dann ist jede Veränderung im Verhandlungsverlauf ein Gewinner-Punkt für den Arbeitgeber. Stammt der erste Entwurf von der Gegenseite, dann ist jede Veränderung ein verlorener Punkt. Im ersten Fall ist die Bereitschaft mit Sicherheit geringer, Veränderungen und das spätere Ergebnis zu akzeptieren.

- Wann immer Sie während der Verhandlung der anderen Seite inhaltlich entgegenkommen, sollten Sie dies auch tatsächlich sagen: *„Hier können wir uns vorstellen, Ihnen einen großen Schritt entgegen zu kommen ...“* Ein solches Vorgehen ist eine Art verbales Schulterklopfen nach dem Motto: Gut gemacht! In ganz besonderer Weise gilt auch dies für die Schlusszusammenfassung.
- Unterstützt wird dieses Herangehen durch das MAMA-Prinzip (siehe dazu Kapitel 2, Abschnitt 1.3). Steigen Sie zu Beginn höher ein, dann können Sie später ohne allzu großen Ärger die eine oder andere Position auch wieder räumen.
- Setzen Sie Ihren Bad-Guy nur ganz vorsichtig ein. Nur wenn gar nichts vorwärts geht und die Gegenseite auf einer Blockadehaltung bestehen bleibt, ist es sinnvoll, stärkere Überzeugungsmittel einzusetzen.

Setzen Sie immer auf Gewinner-Gewinner-Strategien, bei denen beide Seiten mit einem guten Gefühl nach Hause gehen können. Ein solches Vorgehen hat absolut nichts mit einem Anbiedern oder Einknicken vor hartnäckig auftretenden Arbeitgebervertretern zu tun. Schließlich gilt auch für diese Taktik, dass sie konsequent auf die anstehende Problemlösung ausgerichtet ist. Das erfordert, entsprechend der Situation, angemessen und entschlossen über das Sachthema zu diskutieren und wenn es sein muss, auch zu streiten, trotzdem aber pfleglich mit der Person des Verhandlungspartners umzugehen. Diese Methode schließt selbstverständlich den Einsatz von Machtmitteln nicht aus.

BEISPIEL

Bei der Verhandlung über eine Betriebsvereinbarung zu Arbeitszeitkonten hatte der Arbeitgeber einen ersten schriftlichen Entwurf vorgelegt. Mit diesem Entwurf war der Betriebsrat nicht einverstanden. Er formulierte daher eine lange Reihe von Änderungsvorschlägen. Im Laufe der Verhandlung ließ sich der Arbeitgeber aufgrund der guten Argumente einige Zugeständnisse entlocken. Trotzdem kam es etwas später doch noch zu einer völligen Blockade seitens des Arbeitgebers. Auf die Nachfrage, warum das so sei, kam als Begründung:

„Wir machen hier ein Zugeständnis nach dem anderen. Der Betriebsrat dagegen beharrt auf seiner Position auf Teufel komm raus."

Was ist hier passiert? Zwei mögliche Fehler sind hier dem Betriebsrat unterlaufen:

1. Die Verhandlung wäre anders verlaufen, wenn der erste Entwurf vom Betriebsrat gekommen wäre. Schließlich wäre jede Veränderung dann ein Gewinnerpunkt für den Arbeitgeber gewesen. So jedoch ist jede Änderung ein verlorener Punkt.
2. Offensichtlich hatte der Betriebsrat bei seinen Änderungswünschen keine „Streichpositionen" eingeplant. Die jedoch sind nötig, um dem Arbeitgeber an der entsprechenden Stelle auch mal sagen zu können: *„Gut – in dieser Frage könnten wir uns vorstellen, doch Ihrem Vorschlag zuzustimmen."*

6.2 Kompromisse beruhen auf Gemeinsamkeiten

Kompromisse nicht verspielen

Verhandeln ist Geben und Nehmen. Auch wenn der Kompromiss in der Mitte nicht automatisch die beste Lösung sein muss, so werden wir im Alltag doch immer wieder auf Kompromisslösungen angewiesen sein. Vor drei typischen Fehlern möchte ich Sie hier warnen: Kompromissangebote scheitern gerne, wenn sie

- von der falschen Person vorgetragen,
- zum falschen Zeitpunkt eingebracht oder
- auf die falsche Art und Weise formuliert werden.

Die falsche Person

Good-Guy statt Bad-Guy

Wer vorher die Bad-Guy-Rolle inne oder sonstwie im Laufe der Verhandlung negative Emotionen auf sich gezogen hatte, der sollte tunlichst nicht die Angebote des Betriebsrats vorbringen. Sonst werden sie wahrscheinlich schon aus emotionalen Gründen abgelehnt, weil die Gegenseite sich auf diese Person bereits eingeschossen hat und aus Prinzip alles ablehnt, was aus dieser Richtung kommt. Für Kompromissangebote ist also immer der Good-Guy, mit Einschränkungen auch der Verhandlungsführer (je nachdem, wie die Verhandlung bis dahin verlaufen ist) oder eventuell der Moderator zuständig.

Der falsche Zeitpunkt

Zuerst beruhigen

Kompromissangebote sollten nie in eine heiße und emotional geführte Phase der Verhandlung hineingebracht werden. Auch hier sind die Köpfe auf der Gegenseite nicht frei genug, um das Angebot ruhig zu durchdenken und richtig einschätzen zu können. Zuerst einmal ist es daher die Aufgabe des Good-Guy und Moderators, wieder Ruhe und Sachlichkeit ins Gespräch zu bringen. Unter Umständen kann hier auch eine kurze Auszeit sehr nützlich sein, um die Gemüter zu beruhigen. Der Vorschlag ist dann ein guter Wiedereinstieg in die Diskussion: *„Wir haben uns noch einen weiteren Vorschlag überlegt, der Ihnen entgegen kommen dürfte ...“*

Die falsche Art und Weise

Gemeinsamkeiten hervorheben

Der dritte wichtige Grund, warum auch wohl überlegte Angebote nicht akzeptiert werden, hat damit zu tun, dass sie im gleichen Satz mit negativen Anmerkungen zur anderen Seite verbunden werden. Frei nach dem (hier etwas übertrieben formulierten) Motto: *„Ich sage es Ihnen noch einmal, dass Sie uns hier seit einer Stunde anlügen und alle Vorschläge torpedieren! Aber um die Kuh vom Eis zu kriegen ...“* Auf diese Weise ist der Vorschlag sozusagen eingehüllt in negative Emotionen. Die Gegenseite wird daher aller Voraussicht nach auf die formulierten Vorwürfe eingehen und nicht auf den Vorschlag. Versuchen Sie stattdessen, Ihre Angebote in positive Emotionen einzupacken. Sprechen Sie gefundene Gemeinsamkeiten an und formulieren Sie deutlich, in welchen Punkten die Seiten schon aufeinander zugegangen sind.

BEISPIEL

Beispiel für die Hervorhebung von Gemeinsamkeiten

„Wir waren uns doch schon insoweit einig, dass wir heute ein Ergebnis finden wollen. Sie sind uns ja bereits bei X und Y entgegengekommen. Wir haben im Gegenzug Ihren Vorschlag Z akzeptiert. Weit liegen wir also nicht mehr auseinander. Vielleicht könnten wir uns treffen, indem wir ...“

6.3 Bilanz ziehen

Mittel gegen Blockaden

Diese Methode ist nicht zu verwechseln mit einer simplen Zusammenfassung (die ohnehin von Zeit zu Zeit zu empfehlen ist). Das Bilanz-Ziehen ist vielmehr immer dann eine gute Wahl

- wenn die Verhandlung inhaltlich festgefahren ist und
- wenn die Gegenseite keine oder nur wenige Sachargumente für ihre blockierende Haltung liefert.

Ohne einen öffnenden neuen Input kommen Sie hier nicht weiter. Wenn Sie der Gegenseite in diesem Augenblick eine sachlich nicht gerechtfertigte Blockadehaltung zum Vorwurf machen, verstärken Sie diese womöglich (Stichwort: Gesichtsverlust).

Hier bietet sich ein anderes Vorgehen an: Stellen Sie die im Gespräch angesprochenen Vorschläge gegenüber und sammeln Sie die dafür vorgebrachten Argumente. Zeigen Sie auf diese Weise, dass Sie durchaus auch die andere Seite sehen, dass Sie sich aber aufgrund der größeren Zahl an Sachargumenten (für Ihren Vorschlag) dennoch für eine bestimmte Lösung entschlossen haben. Besonders wirkungsvoll ist ein solches Vorgehen, wenn Sie diese Bilanz schriftlich ziehen – entweder bereits während der Verhandlung oder sozusagen als Zusammenfassung am Ende. Je nach Gruppengröße und Raumausstattung können Sie dazu einen Zettel benutzen und vor sich auf den Tisch legen. Wirkungsvoller ist diese Taktik aber, wenn die Bilanz öffentlich schriftlich fixiert wird – zum Beispiel wenn Sie sie an ein Flipchart schreiben.

TIPP

Warnung

Sparen Sie sich dabei alle ironischen oder hämischen Kommentare zur kleinen Zahl der gegnerischen Argumente. Auch das verursacht Gesichtsverluste und damit Blockadehaltungen. Fragen Sie stattdessen ganz sachlich nach weiteren Argumenten, die Sie bisher nicht berücksichtigt hatten.

Es gibt nur zwei Möglichkeiten: Entweder die Gegenseite schiebt nun Argumente nach, dann haben Sie es geschafft, zu einer wirklich sachlichen Auseinandersetzung zurückzukehren. Schließlich schreiben sich Argumente wie *„Das kommt sowieso nicht in Frage"* nicht besonders gut auf. Oder die entsprechende Spalte bleibt eben leer, was deutlich zeigt, bei welchem Vorschlag die Sachargumente überwiegen.

6.4 Das Entweder-oder-Spiel

Alternativen anbieten

Bei den Fragetechniken wurde die manipulative Wirkung von Alternativfragen bereits angesprochen (siehe dazu Kapitel 3 Abschnitt 3.2). Hier haben wir das Pendant dazu auf der inhaltlich-sachlichen Ebene der Verhandlung. Um Ihre Position noch einmal zu stärken, können Sie statt nur einen Vorschlag zu unterbreiten, zwei Vorschläge alternativ anbieten: *„Wir sehen jetzt zwei Möglichkeiten, die Kuh vom Eis zu bringen ...“*

Ein Vorteil ist, dass Sie auf diese Weise nicht so verbohrt und festgefahren wirken. Der zweite Vorteil liegt darin, dass die Gegenseite das Gefühl bekommt, es läge in ihrer Entscheidung, was als Ergebnis festgehalten wird. Mit etwas Glück wird sich die Gegenseite auf einen Ihrer Vorschläge einlassen: *„Also wenn überhaupt, dann kommt nur XY in Frage ...“* Andere, für Sie vielleicht weniger gute Alternativen fallen damit unter den Tisch. Gleichzeitig bleibt ein Erfolgserlebnis für Ihr Gegenüber: Ihr zweiter, noch ungünstigerer Vorschlag ist damit verhindert.

BEISPIEL

Beispiel für das Anbieten von Alternativen

Beim Streit um die Neueinstellung eines Abteilungsleiters, bei der der Arbeitgeber versäumt hatte, die Stelle vorher intern auszuschreiben, waren die Positionen festgefahren. Der Arbeitgeber beharrte auf der Neueinstellung, der Betriebsrat wollte den Mitarbeitern der Abteilung (vor allem dem bisherigen Stellvertreter) nicht die Chance auf Weiterentwicklung nehmen. Beide Seiten drohten mit Einigungsstelle bzw. rechtlichen Schritten.

Das Problem wurde schließlich gelöst, als der Betriebsrat dem Arbeitgeber zwei Möglichkeiten zur Auswahl stellte:

„Also – wir sehen jetzt zwei Möglichkeiten, das Thema vom Tisch zu kriegen. Die erste ist: Wir warten ab, bis das Ganze rechtlich geklärt ist. Die zweite: Wir könnten uns vorstellen, der Einstellung zuzustimmen. Dann aber als stellvertretender Abteilungsleiter mit der Möglichkeit, sich in Ruhe einzuarbeiten. Die Leiterposition wird dagegen von einem internen Bewerber besetzt. Welche Alternative ist Ihnen lieber?“

Die einzelnen Gründe, die aus Arbeitgebersicht für und gegen diese beiden Vorschläge sprechen, wurden an dieser Stelle vom Betriebsrat gar nicht mehr genannt. Sie waren bereits diskutiert worden und hätten nur zu neuen Streitigkeiten geführt. Der Arbeitgeber wählte in diesem Fall die zweite Variante.

6.5 Auszeit nehmen

Die sinnvolle Pause

Auch gezielte Verhandlungspausen können ein wirksames Mittel sein, um die Ergebnisfindung voran zu bringen. Sie dienen dazu, die Emotionen wieder zu beruhigen, den Kopf für neue Ideen frei zu haben, eine neue Abstimmung im Team herbeizuführen oder einfach nur neue Energie zu tanken. Pausen im Sinne gezielter Auszeiten sind daher alles andere als verschwendete Zeit. Sie führen im Gegenteil häufig zu schnelleren Ergebnissen, die durch einen Verhandlungsmarathon eher schwieriger zu erzielen wären. „Gezielt" heißt in diesem Zusammenhang allerdings, dass Sie sich in jedem Einzelfall gut überlegen sollten, ob eine Auszeit überhaupt sinnvoll ist.

MERKE

Wichtige Kriterien für eine Auszeit

- Die Gegenseite hat einen neuen Vorschlag gemacht hat, den Sie im Gremium bisher nicht besprochen hatten.
- Ihnen selbst kommt eine neue Idee, die aber nicht im Gremium besprochen worden ist.
- Die Gegenseite bringt neue Informationen ein, deren Richtigkeit erst noch überprüft werden muss.
- Aus Ihrer eigenen Delegation kommen Aussagen und Angebote, die so nicht in der Vorbereitung abgesprochen waren.
- Die Emotionen sind so aufgeladen, dass sie aus dem Gesprächsverlauf heraus nicht zu beruhigen sind.
- Aufgrund des zeitlichen Verlaufs ist ein allgemeiner Erschöpfungszustand erreicht (etwa alle 90 Minuten bis maximal zwei Stunden).

6.6 Sonderform der Auszeit: Verhandeln am Kaffeetisch

Raus aus der Rolle

Zu den verschiedenen oben bereits genannten Gründen für eine Auszeit kommt noch ein weiterer: Das Verhandeln am Kaffeetisch (oder am Bistrotisch oder in der Kantine). Nicht selten leiden Verhandlungen darunter, dass die Fronten festgefahren sind. Man hat sich auf bestimmte Positionen festgelegt und diese über einen längeren Zeitraum mit Zähnen und Klauen verteidigt. Der Gesichtsverlust wäre einfach zu groß, wenn man jetzt doch noch plötzlich einknicken würde. Hier kann es manchmal helfen, den Verhandlungstisch zu verlassen und in anderer – erst einmal entspannterer Atmosphäre zum Thema zu plaudern. Hier können Vier-Augen-Gespräche hilfreich sein. Der wichtigste Aspekt ist, dass im Besprechungsraum und am Verhandlungstisch jeder seine ihm aufgetragene Rolle spielt. In anderer Atmosphäre dagegen kommt auch der Mensch dahinter wieder hervor, der manchmal doch wesentlich besser mit sich reden lässt.

MERKE

Wer ist zuständig?

Achten Sie aber auch und gerade hier sehr sorgfältig darauf, wer das Gespräch in die Hand nimmt. Wer kommt menschlich am besten mit der anderen Seite klar? Und wer hat während der Verhandlung den positivsten Kontakt zur Gegenseite aufgebaut?

6.7 Mit Argumenten haushalten

Pulver nicht zu früh verschießen

Es ist nicht besonders schwierig, sich innerhalb der eigenen Argumentation die richtige Reihenfolge zu überlegen. Dass man mit einem oder sogar mit dem besten Argument schließen sollte, ist klar. Und dass man außerdem auch mit einem guten Argument einsteigen sollte, ist ebenso einleuchtend. Viel seltener wird jedoch daran gedacht, dass es sich auch lohnt, mit den eigenen Argumenten über den gesamten Verhandlungsverlauf hauszuhalten. Schließlich helfen die besten Argumente in den „Plätscherphasen" wenig und wären für die eigentlich wichtigen und entscheidenden Phasen der Verhandlung verschwendet.

TIPP

Wichtige Tipps zum Haushalten mit Argumenten

- Verschießen Sie Ihr Pulver nicht zu früh. Ob Sie in der Einleitungsphase zwei, drei oder vier gute Argumente vorbringen, ändert an Ihrer Überzeugungswirkung wenig. Für spätere Phasen sind diese Argumente jedoch verbraucht.
- Heben Sie sich stattdessen wenigstens ein wirkungsvolles Argument bis zur Schlussphase auf, nach dem Motto: *„Aber eines haben wir bisher doch völlig außer Acht gelassen ..."* Hier platziert bringt dieses Argument mehr, als wenn Sie es als dritte oder vierte Idee im Eingangsstatement vorgebracht hätten.

6.8 „Weiche" Verhandlungsergebnisse

Gesichtsverluste vermeiden

Gerade lange Verhandlungsrunden neigen dazu, irgendwann festzufahren. Wenn die letzten Angebote gemacht sind, möchte niemand mehr über seinen Schatten springen und niemand will sich durch doch noch gemachte Zugeständnisse als Verlierer fühlen. Neben den bereits angesprochenen Kamingesprächen, einer Verknüpfung mit anderen Themen, Auszeiten oder Vertagen bietet sich in diesem Augenblick noch eine weitere Taktik an, um das Gespräch noch zu einem Ergebnis zu bringen: Statt „harter" Verhandlungsergebnisse, die häufig schwierig zu erreichen sind, lassen sich auch „weiche" Vereinbarungen treffen. Ihr Vorteil liegt darin, dass durch die damit verbundenen „Hintertürchen" Gesichtsverluste vermieden werden.

TIPP

Möglichkeiten „weicher" Vereinbarungen

- Statt einer unbefristet gültigen Lösung kann auch eine **vorläufige Einigung** getroffen werden. Das kann eine Art Probezeit sein oder auch eine Regelung mit „Verfallsdatum".
- Wenn eine generelle und für die gesamte Firma gültige Regelung auf Widerstand stößt, lassen sich vielleicht immer noch **begrenzte Regelungen** für einzelne Werke, Teilbetriebe oder Abteilungen treffen.
- Ähnliches gilt, wenn beispielsweise bei einer anstehenden Betriebsvereinbarung in wesentlichen Fragen eine Übereinkunft erzielt wurde, einzelne Themen aber Probleme bereiten. In diesem Fall lässt sich das Gesamtpaket häufig auf kleinere Happen in Form von **Teillösungen** aufspalten.
- Ist eine Einigung in der Sache an diesem Tag nicht möglich, so kann das Gespräch noch zu einem gemeinsamen Ergebnis geführt werden, in dem man sich über das **weitere Verfahren** verständigt.
- Wird eine allzu bindende Regelung abgelehnt, so kann eine **freiwillige Übereinkunft** vielleicht eher akzeptiert werden.
- Und schließlich: Wenn eine Seite eine Einigung mit Blick auf die nicht vorhersehbare Zukunft verweigert, so lässt sich vielleicht eine Regelung treffen, die **konkrete Bedingungen** mit einschließt (z.B. eine vom Unternehmenserfolg abhängige Prämie statt einer festen Bonuszahlung).

Absprachen im Vorfeld

Welche dieser Lösungen (und ob überhaupt) Sie anstreben, hängt natürlich sehr stark vom Thema und von Ihren Zielen ab. In jedem Fall gilt auch hier: Sprechen Sie diese Optionen vorher in der Verhandlungsdelegation bzw. dem Betriebsratsgremium ab. Nehmen Sie sich im Zweifelsfall lieber eine Auszeit, um sich auf Ihr weiteres Vorgehen zu verständigen.

6.9 Protokollführung

Sinnvolle Mehrarbeit

Auch wenn es Arbeit macht. Im Prinzip gilt hier dieselbe Regel wie für die ersten Entwürfe: Schreiben Sie das Protokoll selbst. Es ist taktisch einfach klüger, die schriftliche Zusammenfassung der Verhandlung selbst zu machen, da spätere Veränderungen immer schwierig sind. Es muss ja gar kein böser Wille sein, dass bestimmte Aspekte der Verhandlung stärker oder weniger stark im Protokoll herausgearbeitet werden. Und auch dass einzelne Ideen vergessen werden, hat häufiger mit Ablenkungen oder Schusseligkeit zu tun als mit einer bewussten manipulativen Taktik. Lassen Sie also im Zweifelsfall Ihren Arbeitgeber aktiv werden, wenn bestimmte Punkte im Protokoll nicht passen sollten. Damit Sie sich späteren Ärger ersparen, sollten Sie an die folgenden Hinweise denken.

TIPP

Tipps für die Praxis

- Machen Sie am Ende immer eine gemeinsame und ausführliche Zusammenfassung für das Protokoll. Eventuell kann der Protokollant selbst diese Zusammenfassung machen.
- Bei komplexeren Themen sollten auch Zwischenergebnisse bereits gemeinsam im Protokoll festgehalten werden, damit die Ideen später nicht mehr zerredet werden können.
- Schicken Sie das Protokoll zeitnah (innerhalb weniger Tage) an alle Beteiligten mit der Bitte um Rückmeldung, ob alles passt.

Der Idealfall: Protokoll sofort erstellen

Im Idealfall ist das Protokoll fertig und besprochen, bevor die Delegationen auseinander gehen. Dies ist zum Beispiel dadurch möglich, dass die Zusammenfassung in ein Diktiergerät gesprochen wird, das in Zwischenpausen oder am Schluss im Sekretariat sofort in eine schriftliche Form gebracht und in der Runde abschließend besprochen wird. Eine weitere Möglichkeit besteht darin, dass zu jedem Zwischenschritt eine kurze „Protokollpause“ gemacht wird. Die Zusammenfassung wird in diesem Fall gleich in den Laptop getippt und am Ende ausgedruckt. Und wenn Sie über den Luxus eines Copyboards verfügen sollten, dann fassen Sie am besten dort alles schriftlich zusammen und drucken Sie es am Ende für alle aus.

6.10 Wenn nötig: Vertagen

Luft verschaffen

Wenn gar nichts mehr hilft, muss eine Vertagung kein schlechtes Mittel sein. Im Gegenteil: Häufig geht zwei Tage später so manches wieder leichter.

MERKE

Sinnvolle Gründe für eine Vertagung

- Wenn neue Vorschläge oder Argumente ins Spiel gekommen sind, die Sie nicht in der Verhandlungsdelegation, sondern im gesamten Betriebsratsgremium durchsprechen müssen.
- Wenn Sie und Ihre Betriebsratskollegen so stark in die Defensive geraten sind, dass Sie nicht mehr weiter wissen.
- Wenn Sie nicht einmal Ihre Mindestforderung erreicht haben (siehe das MAMA-Prinzip: Kapitel 2 Abschnitt 1.3).
- Wenn trotz der Androhung von Machtmitteln kein Entgegenkommen des Arbeitgebers in Sicht ist (siehe das IRMA-Prinzip: Kapitel 2 Abschnitt 2.4).
- Wenn die Emotionen auch nach einer Auszeit eine sachliche Diskussion nicht mehr zulassen.
- Wenn ein Erschöpfungsgrad erreicht ist, der das weitere Diskutieren nicht mehr sinnvoll erscheinen lässt.

Die perfekte Ausrede

Kleiner Trick am Rande: In manchen Verhandlungen ist es sinnvoll, gerade *nicht alle* Betriebsratsmitglieder mitzunehmen. Sie eröffnen sich so die Möglichkeit, immer dann zu vertagen, wenn Sie es für sinnvoll erachten. Der erste oben formulierte Grund ist dafür immer die perfekte Ausrede.

Und noch ein letzter Tipp: Vertagen bringt nur dann wirklich einen Vorteil, wenn auch „Hausaufgaben" vereinbart werden: Wer prüft welche Vorschläge bis wann? Wer besorgt die fehlenden Informationen? Wer spricht mit den Betroffenen vor Ort? Und vieles mehr. Denn nur in diesem Fall startet man in die nächste Verhandlungsrunde auch wirklich mit neuen, frischen Ideen und Vorschlägen. Es bringt erfahrungsgemäß wenig, sich drei Tage später erneut zu treffen und die gleiche Diskussion noch einmal zu führen.

TIPP

Lesetipp

Auch hierzu gibt es abschließend einen Lesetipp. Wenn Sie sich näher mit der Wahl verschiedener Strategien und Taktiken beschäftigen wollen, dann lohnt sich ein Blick in das folgende Buch:

Jeske, Erfolgreich Verhandeln. Grundlagen der Verhandlungsführung, München 1998.

Nachbereitung von Verhandlungen

4

„Nach der Verhandlung ist vor der Verhandlung". Auch eine systematische Nachbereitung ist daher immer eine Hilfe für das nächste anstehende Treffen. Dies gilt unabhängig davon, ob es sich um eine weitere Runde zu einem schon länger anstehenden Thema handelt oder ob es um gänzlich neue Themen geht. Eine systematische Manöverkritik erleichtert Ihnen in jedem Fall die Vorbereitung. Die Argumentation lässt sich weiter schärfen, Fehler einzelner oder im Teamspiel lassen sich vermeiden und die Strategie lässt sich mit Blick auf bestimmte Gesprächspartner weiter verfeinern.

Dieses Kapitel enthält wichtige Hinweise und Leitfragen für eine gezielte und systematische Nachbereitung von Verhandlungen – für Sie selbst oder im Team.

1 Nach der Verhandlung ist vor der Verhandlung

Lieber kürzer und regelmäßig

Betriebsrat und Arbeitgeber treffen sich immer wieder. Das eröffnet die Chance, aus den eigenen Fehlern auch zu lernen. Schließlich kann jeder mal einen Fehler machen – denselben Fehler jedoch immer wieder zu begehen, ist mehr als ärgerlich.

Eine effektive Verhandlungsführung umfasst daher nicht nur eine sorgfältige Vorbereitung, sondern auch eine sinnvolle Nachbereitung. Sei es für Sie selbst oder zusammen im Gremium. Nehmen Sie sich – wenn irgend möglich – nach jeder Verhandlung wenigsten zehn Minuten Zeit, um alles noch einmal Revue passieren zu lassen. Eine regelmäßige kurze Nachbereitung nach jedem Monatsgespräch oder anderen Verhandlungen ist vor allem mit Blick auf Ihre persönlichen Stärken und Fallen effektiver als ein- oder zweimal im Jahr den Verhandlungsstil des Betriebsrats generell zu reflektieren. Lassen Sie sich durch den Kopf gehen, was Sie inhaltlich erreicht bzw. nicht erreicht haben und notieren Sie im Zweifelsfall die Punkte, die Sie für eventuelle weitere anstehende Verhandlungsrunden nicht vergessen dürfen. Und denken Sie vor allem daran, wie die Ergebnisse zustande gekommen sind. Schließlich können Sie vor allem daraus viel für Ihre weiteren Verhandlungen lernen.

Besser systematisch

Einige **Leitfragen** helfen Ihnen, nichts zu vergessen:

TIPP

Leitfragen für die Nachbereitung von Verhandlungen

1. Wie zufrieden bin ich (sind wir) mit den konkreten Vereinbarungen der vergangenen Verhandlungsrunde? Welche offenen Fragen gibt es für die nächste anstehende Verhandlungsrunde?
2. Wie zielführend war unsere Vorbereitung? Haben wir alle Ideen aus der Vorbereitung tatsächlich umgesetzt?
3. Wie glaubwürdig und kompetent war unser persönliches Auftreten in der Verhandlung? Haben wir uns von aufkommenden Emotionen anstecken lassen?
4. Wie überzeugend kamen unsere Argumente an? Waren sie ausreichend auf unser Gegenüber abgestimmt?
5. War unsere Verhandlungsstrategie insgesamt zielführend? Wie haben die einzelnen Teilnehmer ihre Rollen durchgehalten?

6. Wie war der Rote Faden in der Verhandlung? Hatten wir oder die Gegenseite die Fäden in der Hand?
7. Wie war unser Umgang mit Einwänden, Widerständen oder unfairen Spielchen? Haben wir uns provozieren lassen oder haben wir ruhig und sachlich reagiert?

Zu all diesen einzelnen Fragen gibt es noch eine übergeordnete Leitfrage, über die Sie sich jeweils besonders den Kopf zerbrechen sollten.

TIPP

Zentrale Leitfrage

Welche konkreten Konsequenzen ziehe ich bzw. ziehen wir aus der Analyse mit Blick auf weitere Treffen mit dem Arbeitgeber?

Als Hilfe bei der systematischen Nachbereitung finden Sie auch dazu eine **Checkliste** als Kopiervorlage im Anhang.

2 Die Umsetzung der Ideen aus diesem Buch

Nicht überfordern

Zum Ende dieses Buches möchte ich Ihnen abschließend noch ein paar Tipps mit auf dem Weg geben, wie Sie die Ideen am besten in Ihre Verhandlungspraxis einbauen können. Die Erfahrung lehrt: Wenn Sie sich in den kommenden Wochen und Monaten um die besprochenen Inhalte überhaupt nicht kümmern, wird auch nur wenig hängen bleiben. Umgekehrt gilt allerdings ebenso: Wenn Sie in der nächsten anstehenden Verhandlung alles sofort anders machen wollen als bisher, werden Sie vermutlich ziemlich frustriert den Besprechungsraum verlassen. Schließlich wären Sie (und Ihre Betriebsratsmitstreiter) mit der Umsetzung zu vieler Ideen gleichzeitig überfordert. Ein wenig Aufmerksamkeit brauchen Sie schließlich auch für die diskutierten Inhalte. Sinnvoll ist aber in jedem Fall eine schrittweise Erweiterung Ihrer Verhandlungsfähigkeiten.

TIPP

Tipps für die Erweiterung der Handlungsfähigkeit

- Wann immer Sie bei der Nachbereitung feststellen, dass Sie sich nicht sicher sind, was genau Sie anders machen sollten oder wie Sie in bestimmten Situationen besser reagiert hätten, dann lesen Sie noch einmal kurz in das entsprechende Kapitel dieses Buches hinein. Alle Kapitel sind so aufgebaut, dass Sie den Inhalt auch ohne den Zusammenhang der anderen Kapitel verstehen. Die vielen Tipps und Hinweise lassen sich auch viel leichter aufnehmen, wenn Sie jeweils ein ganz konkretes Beispiel aus Ihrer eigenen Verhandlungspraxis vor Augen haben.
- Nehmen Sie sich für jede anstehende Verhandlungsrunde immer nur ein oder maximal zwei Dinge vor, die Sie anders machen möchten als bisher. Das gilt in Hinblick auf Ihr persönliches Verhalten in der Verhandlung als auch auf Ihr Auftreten als Betriebsratsteam.
- So gesehen ist es weder sinnvoll noch notwendig, das Buch in einem Jahr ein zweites Mal von vorn bis hinten zu lesen. Betrachten Sie es nach der ersten Lektüre von nun an als Ihr Nachschlagewerk!

Anhang

1 Checkliste zur schnellen inhaltlichen Vorbereitung

Die folgende Kurzcheckliste hilft Ihnen, sich auf die Inhalte für eine anstehende Verhandlung vorzubereiten. Sie dient dazu, hinsichtlich Ihrer Ziele und Überzeugungsmittel keinen wichtigen Schritt zu vergessen. Orientieren Sie sich deshalb bei der Vorbereitung und genauen Formulierung Ihrer Inhalte im Team an den folgenden Leitfragen:

Zu Ihrer Mindestforderung

- Was wollen Sie unbedingt in der anstehenden Verhandlungsrunde erreichen?
- Sind Sie bereit, diese Runde platzen zu lassen, wenn Sie dieses Ziel nicht erreichen?

Zu Ihrem Maximalziel

- Mit welcher Position wollen Sie in die Verhandlung einsteigen?
- Ist diese Position realistisch genug, um nicht unglaubwürdig zu sein?
- Bietet sie genügend Spielraum, um der Gegenseite auch entgegenkommen zu können?

Zu den vermutlichen Positionen der Gegenseite

- Mit welcher Maximalforderung werden Sie vermutlich konfrontiert werden?
- Was könnten Vorschläge sein, mit denen die Gegenseite noch leben könnte?

Zu möglichen Alternativen

- Welche zusätzlichen Lösungsmöglichkeiten gibt es, die bisher noch nicht diskutiert wurden?
- Welche dieser Alternativen sind realistisch und aus Betriebsratssicht besser als die Forderungen des Arbeitgebers?
- Bieten diese Vorschläge auch Vorteile für den Arbeitgeber?
- Was genau werden Sie in der Verhandlung anbieten?

Weitere Kompromissvorschläge oder „Tauschgeschäfte“

- Welche „Zuckerl“ könnten Sie dem Arbeitgeber anbieten, um ihm die Vorschläge des Betriebsrats schmackhafter zu machen?

Zu Ihren Argumenten

- Welche Vorteile hätte der Arbeitgeber, wenn er Ihren Vorschlägen zustimmt?
- Welche rechtlichen Mittel stehen Ihnen im Ernstfall zur Verfügung?
- Welche Machtmittel könnten Sie ausspielen? Und wären Sie auch bereit, diese Mittel im Zweifelsfall tatsächlich einzusetzen?

Zu möglichen Einwänden der Gegenseite und Ihrer Reaktion

- Was könnte der Arbeitgeber auf Ihre Argumente erwidern?
- Wie könnten Sie in diesem Fall reagieren?
- Welche Fakten und Informationen benötigen Sie noch, um gut darauf zu reagieren?

Checkliste zur inhaltlichen Vorbereitung

<table>
<tr><td colspan="6">Rahmendaten</td></tr>
<tr><td colspan="3">Thema und Stellenwert</td><td colspan="3">Ort und Zeit</td></tr>
<tr><td colspan="3"></td><td colspan="3"></td></tr>
<tr><td colspan="6">Ziele und Alternativen</td></tr>
<tr><td colspan="3">Unser Maximalziel</td><td colspan="3">Unsere Mindestforderung</td></tr>
<tr><td colspan="3"></td><td colspan="3"></td></tr>
<tr><td colspan="3">Vermutliches Maximalziel der Gegenseite</td><td colspan="3">Vermutliche Mindestforderung der Gegenseite</td></tr>
<tr><td colspan="3"></td><td colspan="3"></td></tr>
<tr><td colspan="3">Mögliche Alternativlösungen</td><td colspan="3">Kompromissangebote und „Zuckerl“</td></tr>
<tr><td colspan="3"></td><td colspan="3"></td></tr>
<tr><td colspan="6">Argumente und mögliche Einwände</td></tr>
<tr><td colspan="2">Unsere Argumente</td><td colspan="2">Zu erwartende Einwände</td><td colspan="2">Unsere Gegenargumente</td></tr>
<tr><td colspan="2">1.</td><td colspan="2"></td><td colspan="2"></td></tr>
<tr><td colspan="2">2.</td><td colspan="2"></td><td colspan="2"></td></tr>
<tr><td colspan="2">3.</td><td colspan="2"></td><td colspan="2"></td></tr>
<tr><td colspan="2">4.</td><td colspan="2"></td><td colspan="2"></td></tr>
<tr><td colspan="2">5.</td><td colspan="2"></td><td colspan="2"></td></tr>
</table>

2 Checkliste zur systematischen Verhandlungsvorbereitung

Die folgende Checkliste zur systematischen Verhandlungsvorbereitung enthält Ihre Ziele und Überzeugungsmittel, wie sie auch in der ersten Checkliste bereits aufgeführt sind. Zusätzlich finden Sie hier Notizen zu früheren Verhandlungsrunden sowie Fragen zu Taktik und Strategie, zum Umgang mit den Gesprächspartnern und zu möglicherweise auftretenden schwierigen Situationen.

Nähere Erläuterungen zu den einzelnen Aspekten der Vorbereitung finden Sie in den folgenden Kapiteln dieses Buches:

Rahmendaten: Kapitel 2 Abschnitt 6
Formulierung Ihrer Ziele: Kapitel 2 Abschnitt 1
Argumentationstechniken: Kapitel 2 Abschnitt 2
Einwandbehandlung: Kapitel 2 Abschnitt 3
Einstellen auf den Verhandlungspartner: Kapitel 2 Abschnitt 5
Umgang mit unfairem Verhalten: Kapitel 3 Abschnitt 5
Rollenverteilung: Kapitel 2 Abschnitt 5
Taktik und Strategie: Kapitel 3 Abschnitt 6

Checkliste zur systematischen Vorbereitung

Rahmendaten	
Thema und Stellenwert	Ort und Zeit
Notizen zu bisherigen Verhandlungsrunden	
Ziele und Alternativen	
Unser Maximalziel	Unsere Mindestforderung
Vermutliches Maximalziel der Gegenseite	Vermutliche Mindestforderung der Gegenseite
Mögliche Alternativlösungen	Kompromissangebote und „Zuckerl“

Argumente und mögliche Einwände		
Unsere Argumente	Zu erwartende Einwände	Unsere Gegenargumente
1.		
2.		
3.		
4.		
5.		

Zum Verhandlungspartner	
Was für ein „Typ“ ist unser Gesprächspartner	
Typische Verhaltensweisen	Unsere Reaktion
Rollenverteilung auf Betriebsratsseite	
Teilnehmende Betriebsratsmitglieder	Besondere Funktion in der Verhandlung
Mit dabei ohne besondere Funktion	
Notizen zum eigenen Vorgehen (Taktik und Strategie)	

3 Checkliste zum Umgang mit schwierigen Gesprächspartnern

Die folgende Checkliste dient dazu, sich auf bestimmte Gesprächspartner und ihr typisches Verhalten in Verhandlungen einzustellen. Sie können sie zur Vorbereitung einer konkreten Verhandlung für sich oder im Gremium nutzen. Sie kann gleichermaßen als eine Art „Karteikarte" dienen, um sich immer wieder schnell auf Verhandlungspartner einzustellen, mit denen Sie nur unregelmäßig zu tun haben. Genauere Erläuterungen dazu finden Sie im Buch im Kapitel 2 Abschnitt 5.

Checkliste zum Umgang mit schwierigen Verhandlungsteilnehmern

Gesprächspartner	
Um was für einen (Misch-)Typ handelt es sich?	
Zu erwartende Verhaltensweisen	Unsere Reaktion
Unser Vorgehen für das anstehende Gespräch	

4 Checkliste zur Nachbereitung

Diese Checkliste dient zur systematischen Nachbesprechung von Verhandlungsrunden. Gesammelt sind wichtige Aspekte, auf die es sich zu achten lohnt. Wichtig ist in diesem Zusammenhang aber immer auch der Blick nach vorn: auf die Konsequenzen für weitere anstehende Verhandlungsrunden.

Checkliste zur Nachbereitung

Wie zufrieden sind wir mit	**Welche Konsequenzen ziehen wir daraus für die nächste Verhandlung?**
... den getroffenen Vereinbarungen?	
... unserer Vorbereitung?	
... unserem persönlichen Auftreten und unserem Umgang mit Emotionen?	
... unserer Strategie und Rollenverteilung?	
... der Struktur und dem Roten Faden?	
... unserem Umgang mit Einwänden, Widerständen und unfairen Spielchen?	

Stichwortverzeichnis